解讀「小人」

洪敏琬◆著

0~3歲嬰幼兒的心理與教養

鍾序

父母用心、小人開心

孩子三歲以前，對親子雙方都是非常關鍵時期。因為許多研究指出，父母從孩子出生開始即進入一個失衡和再組織的時期，在身心狀態和生活作息上是從混亂到重整的過程，此時父母的教養知識和能力會深深地影響自己的價值感和自信心，進而影響孩子未來的成長和發展。因此，我非常肯定本書的問世對孩子在這年齡階段的父母是一大福音。

敏琬現在是兩個孩子的媽媽，認識她的時候她的大兒子還在念幼稚園大班，女兒還未出生。十多年前，我們合作開設了空中大學「親職教育」的課程，三十六講次的錄製過程非常辛苦，她一方面任勞任怨地負責和協調教學行政工作，一方面參與全程的錄製和播出，母子二人還在課程演示中以角色扮演的方式擔綱親子溝通、如何鼓勵孩子和運用行為結果的主角。此課程播出之後深獲空大學生好評，甚至一般觀眾看後也讚賞不已。有如此好的迴響，她的功勞居偉。

敏琬雖然學的是教學設計與媒體製作，對於親職教育的領域也是初次接觸，我不確定製作這課程的過程是否用在兒子身上，但我感受到她除了有優質母親的特質，還樂意地學習教育子女的新觀念和方法。在她女兒三歲時，我特別邀請她為《父母親月刊》雜誌撰寫孩子從出生到三歲時期的專欄，因為她已有豐富的親職體驗，也具備精彩的生活實踐。「解讀小人」是她取的專欄名稱，一寫就是兩年半從未間斷，而且深受讀者的喜愛。本書正是結集此專欄文章的斐然成果，她的努力和功力更讓我欽佩。

我喜歡「解讀小人」這個很有創意的名稱，正是反映我們大人面對出生到三歲的小小孩的寫照，有時是可愛的小人，有時卻是可恨的小人。本書的二十八個主題都是常見的小人們招式，也是父母最感到頭疼和煩惱的一些小小孩行為，相信無論孩子年齡多大，為人父母者讀起來定能有所共鳴和感動。書中內容的主題都以真實生活中的情景開場，描述讓父母困擾的一個個孩子的問題。繼而，從孩子的觀點解釋此種狀況或行為背後的原因，並標名為「小人心語」的童言，喚醒父母跳脫大人制式的看法，去體會和接受孩子單純天真的動機。最後，更以超越發現問題的智慧，提供爸媽一些面對和解決困擾的具體良方。

敏琬在育人上是一個認真的老師，在育兒上是一個用心的媽媽，現在更成為一個親子教育的作家，據我所知下一本書也在完稿出書中，慶賀她助人的心願實現，更期盼她為每個人最偉大的事業──家庭，繼續貢獻寶貴的經驗和心力。

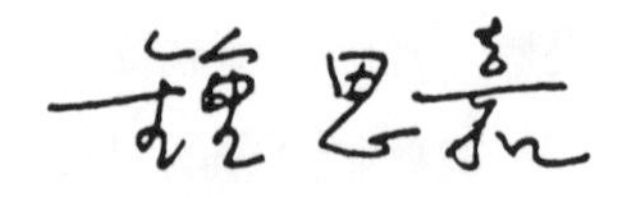

周序

大手攜小手、同心向前走

看見這麼一本與父母或準父母分享小小孩世界的「武功祕笈」，真是非常開心。想起自己當新手父母時，與多數父母一樣，處於「baby 在肚子裡時，很希望他／她趕快出來，但 baby 出來以後又很想塞回肚子」的矛盾情境中。大女兒在出生第一個月的新生兒時期，經常夜晚啼哭到天亮，新手父母的我們，怕她餓了、怕她涼了、怕她熱了、怕她痛了……，問了她千百遍，她除了哭還是哭，最後只好陪她一起哭，又心疼、又著急，還真想把她送給有經驗的父母！

在自己育兒的歷程中，不是只要面對孩子的啼哭，還有許許多多的挑戰，例如孩子的飲食、睡眠、語言、健康、愛、生活習慣等生理與心理需求，如果當時有這麼一本《解讀「小人」》，我想我要走進寶貝女兒的「小小人世界」、聆聽她的「小小人心聲」就容易多了。我也不至於會狼狽到看著我的小寶貝，只能束手無策、手忙腳亂，想必更能樂在當父母！

小小孩的世界，並不等於成人世界的縮小版；但是面對三歲以前的小小孩，父母早忘了自己在三歲以前的生活經驗，因此常以成人的世界處理小小孩的反應。自己餓了認為孩子也該吃了、自己累了也認為孩子該睡了、自己忙碌時認為孩子可以獨處、鄰家的小孩會走了也急著訓練孩子走路、鄰家小孩不再吸奶嘴就認

為孩子該戒奶嘴、同事小孩不再包尿布也急著訓練孩子大小便、看見書上嬰幼兒的雞蛋臉就要訓練孩子趴著睡、對門的小孩開始吃稀飯也認為孩子該戒掉奶瓶……，這些情境是否很熟悉？

本書作者將可能發生在三歲以前小小孩的各種議題，根據三歲以前小孩的發展脈絡基礎，透過輕鬆的筆調、深入的分析、智慧的妙招，讓新手父母能更有效能的當父母。尤其「小人心語」，以小小孩的心聲告訴父母他們的內心話，尤其貼切，想必所有父母看了都能「會心一笑」、「茅塞頓開」！

什麼時候該看這本書呢？在廣告中，我們聽見「當了爸爸之後才學習如何當爸爸」，你是否也有相同的感覺？其實生活中，不只是爸爸在當爸爸前沒學習如何當爸爸，許多媽媽不也一樣？但請記得，孩子的成長只有一次，他／她不能、也不會等到父母學會當父母才開始成長！當然他／她更不可能體諒父母的手忙腳亂，而重新成長一次！成長只有一次，如何不錯過孩子成長的歷程？讀者們，就從今天開始聆聽孩子的小小世界，不必等到當父母！

誰該看這本書呢？本書雖然反映了當今社會多數家庭的角色分工，即在孩子的教養上，「母親負責執行、父親負責諮詢」。但是，當「好」的父母既是每一個有子女者的權利、也是責任。在和小小孩朝夕相處中，有歡樂、有滿足、有期待、有希望、有負擔、有挫折、有憂心、有衝突……，每一項情緒、每一種感受都是父親與母親該有的享受與付出。因此，本書媽媽該看、爸爸該看，當然最好能兩人一起看！

期望本書讓天下的父母都能享受「大手攜小手」、感受「同心向前走」！

周麗端

寫於2008年初冬

國立台灣師範大學人類發展與家庭學系副教授兼系主任

自序 用心解讀、歡樂成長！

回顧過去自己的經歷，總覺得頗像一顆嫁接了許多不同顏色花朵的彩色樹。大學畢業後優遊自得的當了幾年兼具興趣與專長的英文老師。之後無心插柳地轉到教育工學的領域，在不同課程的教學設計和媒體製作中，倒也找到了不同的樂趣和收穫。那一年鍾思嘉老師為空大開課，就此引領我進入了親職教育的世界。剛好那時候兒子還小，課程製作完又生了女兒，很自然地在實際生活中，時常會對照並發現親職教育無論在理論或實務上的契合，開始覺得這門課真是利人又利己、值得好好學習。

由於期間經常跟在鍾老師身邊學習，因此老師建議我在《父母親月刊》中開個專欄。抱著誠惶誠恐的心情開始試試看，沒想到一寫就寫了快三年，直到月刊社因故結束。接著又在《小小天地》月刊寫另一個主題的專欄，一寫又是三年。就這樣左三年，右三年，加上其間在學校多次面授親職教育的課程，也參與了其他家庭、親職與幼教等相關課程的製作，再融入自己本行教育領域中，原本就熟悉的發展心理學、心理學、青少年心理學等，就像揉麵團一樣，把這麼多原料都揉進去之後，自己更能心領神會其中特有的勁道與趣味。

當然，在寫作期間，一雙兒女是必然的主角。雖然是同一家工廠製造，但就像許多父母一樣，在養第二個孩子時才會發現，

每個孩子的狀況各不相同。或許男女有別確有其事吧！兒子從小沒啥心眼，而女兒固然比較會察言觀色，但相對心眼也比較多。由於他們差了六歲半，大家自然會關心哥哥會不會吃醋，每次被問到我都會覺得好笑，因為少根筋的哥哥連皺眉都不會，會吃醋的反而是妹妹。還有哥哥生病時很少發燒，所以像是中耳炎也是養妹妹時才知道的。而碰上不如意的事，哥哥是三言兩語就可以打發，甚至常常別人很在意，他自己卻無所謂。換了妹妹可就難了，勸了大半天還是涕泗縱橫，好不容易有點作用了，她的一句「可是，為什麼……」又可以再重新兜一圈，前功盡棄。固然一回生二回熟，養第二個孩子時，父母多少會覺得順手多了，但是有些狀況可能不盡然在每個孩子身上出現，也不盡然在相同的時期發生，甚至有些狀況會反覆出現在不同的時期，只是不同階段的表現方式和潛在原因各不相同。尤其在孩子出生到三歲的期間，孩子語焉不詳卻又狀況頻頻，真是最辛苦的階段了。在孩子已經遠離這個時期的今天，回首來時路，有時還真好奇，當初怎麼能寫出那一篇又一篇的文章呢！養兩個孩子固然帶給我各種不同的挑戰，但無疑地也因此為我多年的專欄寫作帶來源源不斷的靈感和動力。

隨著這麼多年過去，不管是照書養還是照豬養，兩個孩子也都長大了，哥哥已經是機械系大二的學生，妹妹則長成了個美少女。由於爸爸長年在國外，媽媽和他們都必須相依互助，也發展出他們長大後特別好的革命情感，甚至連個性都開始向彼此靠攏，妹妹開始覺得神經大條也不錯，哥哥則是學著凡事多用點腦筋。在為《解讀「小人」》整稿時，不免拿些段落給當事人看，

他們總會笑道「我小時候真的那樣嗎？」不期然地與孩子重溫了他們成長時的點點滴滴。姑且不論世俗的像是功課方面的表現，至少兒子女兒都樂觀開朗且富道德感，最重要的是，他們一直都樂於與我分享他們的世界。因此雖然養孩子是我這輩子最大的挑戰，但也是我最重要的成就，這應該要歸功於親職教育的融入吧！凡走過必留下痕跡，《解讀「小人」》記錄了我對孩子的觀察與對父母的關心；凡付出必會有收穫，相信願意用心解讀小人的父母親們，將來也必能領會來自孩子的回報，在此祝福每位用心的爸爸媽媽！

洪敏琬

2009年3月

國立空中大學社會科學系講師

Contents 目錄

解讀
「小人」

Preface 前言

兒子小時候，我常說自己有兩個願望，一是希望他的肚子是透明的，二則希望他身上有個插頭，可以隨時拔掉，讓他「斷電」。為人父母的朋友們，每在莞爾之餘都頗有同感。在不會也不善表達的嬰幼兒時期，孩子莫名的哭鬧往往令父母不知所措，尤其在他們生病時。「如果孩子的肚子是透明的，不就可以清楚觀察到他體內的變化嗎？等他長大到會說明自己的感受時，肚皮才像頭頂天靈蓋一樣慢慢收攏，變成像大人一樣不透明的皮膚就好了呀！」──親愛的爸爸媽媽們，如果你還相信有聖誕老公公，會不會許個這樣的願望呢？

到了孩子蹣跚學步時，就像電視上的廣告一樣，你會懷疑他喝下去的奶粉是不是化成了永不斷電的電池，讓他充滿了「勁量」，可以成天兜來轉去不覺得累。許多媽媽都有「被孩子哄睡了」的經驗，這時你會希望實現第二個願望：孩子身上能有個插頭──不只是音量控制鈕喔，一定得是個能「噗！」一聲拔掉，讓他斷電，癱軟下來的插頭，你說對吧?! 等到兒子長大了，我的第三個願望也慢慢具體了，仍然希望他是透明的，但換成是「腦袋」透明，因為愈來愈不知道「他到底在想些什麼？」如果孩子的心思能像書架上的書，或是電腦磁片般，隨手翻翻或開啟檔案便能查閱，那該有多好！

有一句廣告詞說：「我是在當了爸爸之後，才開始學著當爸爸的！」的確，在養育孩子的過程中，雖然有書、有父母朋友等

方面的資訊，總不如實際經驗到的深刻。而往往在與自己的孩子相處時，不期然會想起自己的童年，更經常會由孩子身上反映出自己──他的脾氣、習慣、個性、想法，還有長相……。我常開玩笑戲稱，相對於「大人」這個名詞，孩子豈不該稱為「小人」？甚至在嬰幼兒時期，他們連半票都不需購買，因為他們還「不是人」。玩笑歸玩笑，如何解讀這些小人或者不是人，可真令父母們一點也笑不出來。

在今日子女數銳減，小孩個個是寶的時代，父母對子女教育的重視毋庸置疑。然而我寧願相信「育兒無專家」，因為每個子女、每個父母都是獨特的，也因此他們相處的模式、他們對彼此的認知、感受也是無法取代的。只是在育兒的過程中，父母所有的惶惑往往大多是共通的，如果能提供過來人的經驗與學理實務的發現，當能實質舒緩這些惶惑。尤其對於〇至三歲嬰幼兒的父母親，如何解讀這個「小人」的生理、心理，可真是一大挑戰。《解讀「小人」》便是依循孩子成長的階段進展，就一些父母常感困擾的狀況，像是孩子的哭泣、恐懼、焦躁等，探討背後可能潛藏的原因，進而建議一些父母可行的方式。

在結構上，本書先以一個實際上常發生的情境為開場，再加以討論與主題相關的內容。其中的「小人心語」段落，則試著由孩子的觀點解釋此種狀況或行為背後的原因，令父母們能跳脫大人制式的看法，體會並接受孩子幼稚但也天真無邪的動機。在每次討論結束前，多會提出幾項具體的建議，以協助父母們面對這個主題的相關困擾，希望這樣的結構能兼顧多角度的看法。

當我們在霧茫茫的海上航行時，你只能倚賴自己的認知向前，卻不知會航向何處。但是當有燈塔、有指北針提供可以憑藉的訊息時，是否你會航行得更有信心？因為你知道會航向哪裡。《解讀「小人」》也許是指北針，也許是燈塔，但是能否一路順利，還要看船上的舵手如何掌舵。再好的書如果只擺在書架上，還是不能得其精華，想要解讀孩子的心思，首先要能親近孩子，繼而才能思量如何掌好舵，引導他一同航向成長。希望在讀了本書之後，能令父母們深感原來如此地鬆一口氣，所以，讓我們一起來解讀「小人」吧！

夜闌人靜，萬籟俱寂，大夥都已進入夢鄉……咦！那嬰兒床怎麼是空的？——原來可憐的爸爸還抱著小 baby 踱來踱去地搖。噓～終於睡著了……輕手輕腳、小心翼翼地才要放回小床——哇！……天哪，又醒了！「好，好，不哭，不哭！」愛睏得紅了眼的爸爸只得趕緊再抱起來繼續奮鬥……。

這樣的場景可不只會出現在漫畫中或電視上，也常出現在實際生活中喔！許多父母親們都曾經，或者正扮演這樣的角色——辛苦了！

對於家有嬰幼兒的父母來說，通常最大的困擾莫過於「小孩哭了不知道是怎麼回事！」尤其對許多初為人母者，往往都有「抱著小孩一起哭」的慘痛經驗。如果把「小孩為什麼哭？」做個機智問答，請大家說出可能的答案，通常無論是否已經為人父母，都能說出幾種可能的狀況——尿布濕了、肚子餓了、生病了、想睡了……可是、可是，通通都檢查過沒問題，他還是在哭呀！這到底是怎麼一回事？

為人父母的我們多半已對童年不復記憶，更不要說能體會身為小 baby 的感覺了。也許你曾有因生病或其他事件而無法下床，甚至須靠人餵食的經驗，但那仍不足以讓你想像一個小 baby 的世界——不只是吃喝拉撒全都得靠人，還無法自由來去；既不識字，也不會說話，如果這些都發生在你身上，你最深刻的感覺會是什麼？無助？——對了，這就是嬰幼兒在無法自己行動前，尤其是在襁褓階段最寫實傳神的感受！這時候你所有的需求能怎麼表達？——哭吧！你終於比較能諒解小 baby 為什麼只會哭了——因為他真的只會哭呀！可是哭也挺累人的，他也不想一直無目的、無意義的哭呀！有經驗的褓姆或長輩往往在聽到小孩哭一兩聲後，就能分辨他是餓了、尿濕了，還是有其他狀況。其實一陣子之後，你也一樣能知道他在哭聲中告訴你些什麼——也許很可憐地慢慢哭是肚子開始覺得餓；哭時還不安地扭來扭去是尿布濕了；哭聲尖銳急促，還滿臉通紅，四肢不停揮動，一定是身體不舒服……這時你與你的小孩開始有了「默契」——他的哭聲是有意義的喔，而且他從你身上得到了日後成長最重要的力量——信賴感，你的小孩完完全全信賴你，他相信你能夠幫助他，所以他有任何需要、任何感受的時候，第一個先想到找你，而找你的方法在嬰幼兒時期絕大部分便是發出聲音，「哭」就是最快速有效找到你的方式——就是這麼簡單，真的！也許長大一點後，小孩會知道將哭當成一種手段，但在最常哭的襁褓期，他可真的是一點心眼兒都沒有！更具體一點說，由於小 baby 根本是依附著大人的，本身的「無助」令他必須有一個能完全信賴的對象，幫助他完成許多無法獨立做到的事，而那個人就是你！所

突然之間，周圍的世界都不一樣了！以前在媽媽的肚子裡，暖暖軟軟的，雖然小了點，要伸腿張手的都有點難，可是我可以跟著媽媽四處去，她在說什麼、做什麼，我都知道。現在她怎麼跟我分開了？我一個人躺在這兒，雖然小床一樣是軟軟的，手腳都可以隨意舞動，可是有太多太多奇怪的事情和奇怪的聲音——每樣東西看起來，每種聲音聽起來都好大好大。一開始我還不能看得很清楚，只覺得有好多不同的光影色彩閃來閃去，還有不同的講話聲配著不同的模樣（我後來知道那叫做臉）在我面前晃來晃去。有時候他們會把我屁屁下面濕濕的東西拿掉；有時候又把我抓去泡在水裡搓搓弄弄

以請你在面對孩子的哭聲時，能大人不計「小人」過，因為你就是孩子全心信賴的「阿娜答」啊！

好吧！我們大人大量，但是孩子哭了總得處理啊！下面幾個基本原則能有效幫助你和孩子脫離「哭」海。

首先，請先**確認哭的原因**。在新生兒回到家中的前十天左右，你應該能摸清楚，或者重新安排他的作息時間。通常他在吃飽沒多久會尿尿或大號，等你為他清理乾淨後不久，他便會舒舒服服地睡一覺，快到下次喝奶前才再醒來。因此當他哭時，首先你可以依據他前一次喝奶的時間跟量，來判定他是不是餓了，否則便看看是不是尿濕了，如果都不是，而小 baby 哭聲尖銳且焦躁不安，則可能是身體不舒服。但有時候他的哭泣都非關上列原因時，那麼別忘了，「小人」也有情緒喔！他也會覺得無聊，想

的。但是我最喜歡的，就是媽媽抱著我的時候了。通常這時她還會餵我喝ㄋㄟㄋㄟ，靠在她胸前，我又聽到熟悉的心跳聲，聞到她身上熟悉的味道……嗯，好舒服好舒服，我覺得好安全，漸漸地便睡著了……ZZZ——媽媽把我搖醒做什麼？還要再喝ㄋㄟㄋㄟ？好吧！ZZZ——唉！總是要這樣來來回回幾次她才肯讓我好好地睡，可是不一會兒，我就餓了醒來，媽媽又不在了，我想叫她來——哇！——咦！媽媽真的很快就來了耶！後來我發現，這種方法（他們都說我在「哭」）真的很有用喔！不管是我屁屁濕了，還是我餓了，或是身上哪裡不舒服，還有我覺得孤單、害怕、想要人抱抱……哭都能讓我很快地找到人來幫我唷！

叫你來帶他蹓躂蹓躂呀！這也就是為什麼有些父母會抱怨小寶貝抱起來不哭，抱著四處走不哭，放下就哭的原因——抱抱好舒服、好安全，又可以四處看看呢！

其次，**善用聲音語言**。就像小 baby 主要是以聲音跟你溝通，你也應該善用聲音來回應他。餵奶時不要只是把奶瓶塞進他的嘴裡，眼前還看著電視；看看孩子，跟他講講話吧！聽到他醒了，先出聲跟他打招呼：「小可愛醒來了，媽媽來看你囉！」即使你還未出現在他面前，他也會因此而比較安心。當他肚子餓了，沖奶時可以一邊說：「你聽，媽媽快要泡好囉！」不要認為他聽不懂，你的語氣、表情都是一種溝通，傳達的最重要訊息便是有人在關心他，他沒有被遺忘。有時你無法完全滿足他的需要，或直接幫助他，像是小孩生病了必須找醫生，這時你能做些

什麼呢？你的安撫能有效慰藉他的心靈，讓他相信你能夠為他尋求別的人或方式來幫助他。所以，不要吝於跟你的小孩輕言細語。同時，放些音樂吧，這樣不但能舒緩你的情緒，也能讓小寶貝溫暖甜蜜地成長喔！

對嬰幼兒來說，**建立熟悉的生活環境和常規**，也是保持他們性情穩定的重要因素。熟悉的人事物和作息一方面令他知所依循，一方面給他安全感。這也是為什麼幼兒在面對陌生人或到一個不熟悉的環境時會四處張望，或甚至開始不安地扁嘴、扭動而哭了起來。因此，即使是像搬家等不可避免地必須在生活上有變動時，也應儘量保持小 baby 原來的生活作息及固定的照顧者，並在變動的環境中保留他熟悉的物件，否則一切都不同了，你說他怎會不哭呢？除此之外，**即時回應**也是很重要的。不要在這個年齡「訓練」你的小孩忍耐，要知道時間對這個階段的孩子是毫無意義的。時間的長短對嬰幼兒是相對而非絕對的，大人的一分鐘對他可是老半天呢，因此孩子哭時，請務必即時回應。但並不是說他餓了馬上泡奶，他哭了馬上抱起來。回應的方式很多，最重要的還是前面提到的，立刻給予口頭的回應。喝奶的時間還沒到，給他喝個水，跟他玩一玩、說說話吧！哭的時候過去看看「小可愛怎麼了？好無聊喔！媽媽來陪你囉！」千萬不要不理他，拜託拜託！

最後，請爸媽們**務必放輕鬆**，孩子是上天恩賜的小天使，雖然哭起來根本就成了小魔鬼，但是請你多抱抱他，親親他，讓他知道你愛他。不要要求自己是完美的父母，孩子不會因為你做不到一百分而少愛你一點，放鬆心情，享受當父母的愉快吧！

媽媽抱抱

哇！——「來了，來了！」媽媽急切地跑過來抱起小寶貝，「寶寶乖，媽媽愛！」——小娃兒果然不哭了。「好啦，寶寶喝奶的時間還沒到，自己玩一下，媽媽還要忙呢！」繞了幾圈的媽媽說著，將孩子放回小床上，可是「哇！」小寶貝可不同意呢！就這麼往返數回，小寶寶既沒尿濕也不餓，就是抱了不哭，放下就哭，被折騰了半天的媽媽這時耳邊卻又傳來婆婆忍不住出口的一句：「小孩不要常抱，會抱成習慣的！」——真的嗎？

許多家有嬰幼兒的父母都被「警告」過——不要一哭就抱，到時會離不了手！可是小孩一哭起來，真能狠下心不抱的父母畢竟不多，但也往往真會應驗了別人的勸，只是已經來不及了。許多爸媽因此抱得腰痠背痛，嘴上雖然嘀咕，卻又跳脫不了小寶貝「媽媽抱抱」的甜蜜負擔，到底小娃兒為什麼非抱不可呢？

慢慢地我認識了這個新世界：常出現的人、常看到的東西、常聽到的聲音，當然最熟悉的是睡覺的小床，因為我最常在這兒。雖然床邊掛了一堆會唱歌、會轉的玩具，但還是好無聊喔！我喜歡有人抱抱，這樣就可以看到好多不同的東西。而且被抱著好舒服，雖然小床也是軟軟暖暖的，可是被抱著，我可以看到抱我的人臉上的表情，還有走動時輕柔的震動，比起搖籃的晃動有意思多了！——咦！怎麼又不抱我了呢？——累了？!可是我不累啊，我還想走走看看啊——哇，媽媽抱抱！

的確，對父母們來說，最大的困擾在於小寶貝不只要抱抱，還要走走。如果你認為襁褓期的娃兒就那麼幾公斤重，那麼請到超市去買一袋五公斤的米，抱著走半小時，就能充分體會它的份量了。真的都不抱小孩嗎？挺無人性的吧！那麼到底「不要常抱」的標準何在？什麼時候應該抱？抱多久？……抱與不抱之間還真是門大學問呢！

就心理學來說，擁抱等親密的肢體動作總是溫暖正向的，在親子之間尤其如此，更何況對這麼幼小的小寶貝。想像一下躺在吊床上或在船上隨波搖晃，或是閉著眼坐在搖椅上、鞦韆上……是不是都令人好放鬆、好舒服？那麼你應該能體會小寶寶為什麼喜歡躺在你寬闊安全的臂彎中了。所以，千萬別誤會小寶貝是故意要折騰你，他可是喜歡你才要你抱喔！但是媽媽抱抱也真的會讓媽媽累累，怎麼辦呢？

首先要**確定抱的原則與時機**，孩子生病不舒服時，抱著睡整夜恐怕是許多父母都有的經驗，但是爸媽多半都不會抱怨，為什麼？──因為孩子不舒服，需要安撫啊！但是相對的，孩子剛洗完澡、喝完奶，舒舒服服躺著不吵也不鬧時，多此一舉地去抱他，就恐怕不是親民，而是擾民了，以後恐怕真的就得離不了手了。但真的很想逗逗小可愛啊！那麼何妨坐在他旁邊就好。而有危險、地上有水、小孩看不到遠處時，當然毋庸置疑地必須抱抱嘍！有些父母由於工作，進出門都碰不上小孩醒著時，往往會心有未甘地硬要抱起睡夢中的孩子，有時卻又在孩子真的需要抱時懶得起身或置之不理，這些都是應該檢討的。至於其他非必要的時候，像是抱小孩走一走、玩一玩等，這些時候要不要抱、抱多久，則是視個別狀況而定，總之，不要讓老爸老媽累壞就好！

其次，**抱的方式**也有變通的彈性，不盡然就是起身搖啊走的，放在腿上、坐著抱、躺著抱，或者把孩子放在推車上推著走等等，都是比較不累人的抱法。大多數嬰幼兒要人抱，除了身體不舒服以外，最常見的是想親近大人，或看看必須借助外力才能看到的地方或東西，這些方式都能讓他看見大人臉上的表情，也可以滿足他的大半需求，因此何妨先試試！此外，碰上小寶寶必須抱著搖才能睡時，媽媽可以試試躺下來側身圈抱著他，或是平躺讓寶寶趴在胸前。兒子約一歲前後，多半是趴在我身上睡著的，因為這樣便可以聽到親愛的媽媽熟悉的心跳聲，還可以聞到媽媽的味道，感覺被媽媽環抱著，多麼幸福啊！當然很多媽媽也會很快地跟寶寶一起睡著了！

其次，如果可能，**抱的人**最好不是固定的少數一兩個。當然這不是讓你把小寶寶當籃球似地來回傳，而是讓孩子可以跟家人普遍建立熟悉度與親密感。因為每個人對待的方式不同，孩子因此可以練習適應不同的互動模式，這對他日後的人際關係與適應力都有很大的幫助，如此也不至於讓寶寶凡事只找媽媽，可以讓辛苦的媽媽能喘口氣。當然以現今多半是小家庭而言，白天往往是家庭主婦自己帶或送褓姆、幼稚園等，一對一的照顧有時尚不可得，許多褓姆甚至同時帶好幾個小孩，幼稚園更不用說，要像以往大家庭中有眾多照顧者實在難求。褓姆通常不會過度抱孩子，只帶一個孩子，尤其是生頭一個小孩的媽媽，比較容易陷入媽媽抱抱的循環，因此讓孩子也習慣爸爸抱抱或姑舅姨們等常見的熟面孔抱抱，或者從根本上避免養成從早抱到晚的惡習，才是最重要的。

要避免幼小的孩子執著於某件事或某種狀況，**轉移注意力**往往是好用的法寶。當孩子纏著要抱時，不妨先試著以新奇的，尤其是會發出聲音的東西逗弄他，通常可以奏效。但是當他無論如何一定得抱時，就抱到另一個地方躺或玩吧！換個地方往往會讓幼兒有新鮮感，而可以暫時不吵著要人抱。當然間歇的抱抱、逗逗是必要的，只是當孩子要無謂的抱抱時，轉移注意力是個好辦法喔！

最後，**善用聲音表情**仍然是在帶孩子的過程中隨時可用的萬靈丹。永遠不要因為孩子小，認為他不懂而不需多說。孩子出生以後便會咿咿啊啊地發出各種聲音，那便是溝通的企圖，對於熟悉的聲音他也會有所反應，因此何妨善用聲音表情，解決媽媽

抱抱的困擾。先坐在床邊跟孩子講講話、唱唱歌，真的抱了一陣子時，看著孩子告訴他：「媽媽累累了，我們坐一下吧！」坐下來，甚至躺下來，再跟他講個話，玩一玩吧！善用聲音表情，加上一些小技巧，可以有效地令你避免成為袋鼠媽媽！

抱是必需的、是親密的、是溫馨的，但是過度便會是累人的，因此如何斟酌抱的時機與原則，是每位父母甜蜜的難題。固然孩子大到一定程度便不再黏著你抱，但如果為了把握孩子小時候的充分擁抱，卻造成媽媽手或甚至腰背病變，那可就倒因為果了。實際上，在孩子小時候過度的抱會減弱他的行走探索能力，反而是你認為大到不需要抱時，卻需要多擁抱他，表達你的愛與關懷，尤其更別忘了，隨時擁抱你的親密愛人。抱不抱有關係，怎麼抱更重要，就讓擁抱成為愛的傳達，而不是負擔。

寶貝！再吃一口就好

「趕快咬咬吞下去啊！」媽媽用手指輕輕地戳戳寶寶的臉頰……「怎麼還沒吞下去？——老公……」——爸爸匆忙趕過來——「換你餵，我受不了了！」接下媽媽不耐煩丟過來的飯碗，爸爸追上已從椅子上溜下去的小鬼頭。「乖，爸爸餵你吃一口喔……天哪！老婆快來！」只見寶寶嘴巴一開，將口中含了半天的一大口食物通通吐在椅子上。收拾著滿場狼狽的小夫妻不禁對望一眼，嘆了口氣，「以前餵個奶動不動就睡著，大半天喝不完。現在好不容易開始餵稀飯，還是一樣得耗上大半天！」

「吾家有兒已長成」的父母，看到那些仍追著小蘿蔔頭餵飯的爸媽，多半會「幸好已經解脫了」地鬆一口氣。但對於仍在團團轉的辛苦爸媽們，總還是跳不出「餵得氣呼呼，不餵又於心不忍」的矛盾。只是家中很少能從頭坐著吃到完的小麻煩，到了褓姆家或在老師根本不可能一一招呼的幼稚園裡，卻又能自己三兩下地扒完一大碗，這到底是怎麼回事呢？

每次吃飯飯，我和媽媽都會一開始很高興，可是後來卻很生氣。因為一開始很好玩，後來就不好玩了呀！看到飯飯菜菜時，我是很想吃啊，有好多顏色和形狀，好好玩！可是媽媽說不准用手手抓，也不可以用湯匙在裡面玩，有些又說我不可以吃，還要坐好……這樣有什麼好玩，我不想玩了！媽媽卻說我不可以下去玩，為什麼呢？我已經不想玩了啊！還有好多東西都咬不動，我已經咬好久了，臉臉嘴巴都好累喔，媽媽還要嘟嘟我的臉，叫我趕快咬！

以前喝牛奶的時候，我剛開始很餓，就拼命喝，可是奶嘴時常會變扁扁，我都喝不到。到後來我累了，想睡覺了，媽媽卻說我喝不夠，要我繼續喝。現在好不容易不必每天都是喝ㄋㄟㄋㄟ，可以吃些不一樣的東西了，可是為什麼媽媽有這麼多的「不可以」，吃飯飯一點也不好玩！媽媽妳不要叫我「再吃一口」了！

對於大人來說，常常不能理解小孩為什麼會有那麼多「吃的困擾」，那是因為我們多半能自主地選擇吃的食物和吃的時機，可是小孩不然，他們的吃往往是被動的──被安排的食物、時間甚至形式。尤其是對幼兒，一方面可吃的食物有限，一方面剛開始逐漸脫離以牛奶為主的飲食習慣，正式接觸大人們吃的世界，因此彼此都需要很大的適應。其實爸媽因小孩的吃所產生的困擾大多由出生便開始了，許多沒有幫手的媽媽們往往知道、也想要好好坐個月子，可是多半毀在餵小孩喝奶的關鍵──每三、四個

小時餵一次，一餵起碼要半個小時，拍拍打嗝又要半個小時——這可都在正常情況下喔！碰上小孩不合作，耗得更久是常有的。再加上事前事後的處理，難怪很多新手媽媽到最後都寧睡不吃，或將小孩留給他人代餵——實在是受不了啦！

好不容易熬過了前四個月小寶寶軟綿綿、只會吃吃睡睡的日子，小孩大多了，可愛多了，也開始麻煩多了。要加副食品——先加什麼好呢？加多少？什麼時候加第二種……？基本上可以把握幾個原則——由少到多、由簡而繁、由植物性到動物性。先加一種，不管是蘋果泥、米麥粉或柳橙汁，一次不要太多，先餵一點點試試寶寶的反應——第一次餵的時候準備個相機吧，寶寶臉上的表情往往令人絕倒！不要一次試不成便放棄，總得讓他習慣一下，這可是他第一次試牛奶以外的食物呢！當中須注意排便狀況，看看腸胃能否接受。如果寶寶連續兩三天都拒吃，不要勉強，也許他還沒準備好，過一陣子再試試吧！四足月添加副食品的說法，只是個參考基準，有的孩子就是不想吃，稍大時再開始也無妨；有的孩子早早厭奶，那就一陣子以副食品為主，再把牛奶的量慢慢加回去，畢竟連著好幾個月只喝牛奶也夠令人反胃的！像我兒子是沒有明顯厭奶期的，但女兒卻是剛滿四個月便不再喝奶，即便餓得哇哇大哭，牛奶喝一口便吐出來不肯再喝，因此她四個月便開始吃稀飯，最初須將米用果汁機打碎再煮，之後陸續加了高麗菜、紅蘿蔔，有時換個菠菜、莧菜，她都喜歡，再加上用湯匙刮蘋果泥，她照樣長得圓嘟嘟的，也習慣了用湯匙餵食。因此對於孩子的吃，應該以他的口味及適應狀況為準，而不是根據大人的主觀認定，畢竟吃的人是他而不是你呢！

寶寶坐得穩，也逐漸轉為以稀飯等為主食，牛奶為副食之後，父母往往便會讓孩子上桌，及早開始進食訓練。但小心會敗下陣來，落得在後苦苦追趕，乞求小搗蛋吃飯，或是氣不過而草草收場，然後孩子沒吃飽又要提前再開演吃飯鬧劇，為什麼呢？父母們對孩子吃的抱怨幾乎都是「邊吃邊玩」，可是這個抱怨恐怕得持續好些年，而且不只在吃的方面。對學齡前的孩子而言，吃喝玩樂就是他全部的生活內容，尤其是玩，不能玩，孩子怎麼過日子呢？吃喝當然也要以玩的方式來進行了。

大多數的孩子由於好奇，一定會試著摸摸弄弄桌上的食物、食器等，相對地，大多數的大人則受不了孩子的原始行為，尤其抱著「上桌就是要學規矩」之心的父母，或是「孩子這麼小怎麼會」心態的老一輩，苦戰一陣子之後，許多便轉成往後兩三年「再吃一口就好」的連續劇。偏偏民以食為天，孩子吃多吃少，長得如何，父母不可能淡然以待，怎樣才能稍解孩子吃的煩惱輪迴呢？

以小孩為基準，先試試「**少量多餐**」吧！孩子的食量不比大人，無法一次吃下一大堆，加上他們的活動量大，需要隨時補充，所以像幼稚園多半在早、午都會提供點心。但對於父母而言，吃正餐都像世界大戰，如此一來可不就得像孫悟空，一天大戰數百回合？當然也要看孩子的個別食量，有的孩子正餐吃得不少，也許就是午睡前後再喝個牛奶便可；有的孩子就是吃不多，可能在兩餐之間便需加個蛋，再來瓶牛奶或其他食物。基本原則是如果孩子真的吃不下，或用餐時間拖得太久了，便不要勉強他一定吃完這次的所有食物，而在點心時間再調整補充。點心的內容應以簡單、易進食的現成食物為主，避免與正餐重複，同時也能節省進食時間。幾次之後，你大概便能掌握孩子每次應該能吃完的量，以及用餐進食大概的時間了。

其次，很重要的是，請鼓勵、至少**允許孩子自行進食**。幼小的孩子在小肌肉的發展上尚未完全，因此進食時不可能像大人或大孩子般條理規矩，撒得滿桌或吃得亂七八糟都是很正常的，不要怪他，更不要阻止他。幼稚園的孩子在老師「自己吃」的鼓勵下，往往都比父母餵還吃得好。與其感慨孩子回家什麼都不會，不如反省自己是否給了他機會嘗試。在他的餐具下面墊張乾淨的紙巾或毛巾，把他的手洗乾淨，就算他用手抓又何妨，寶寶可以得到「我會自己吃」的成就感，同時你會發現，這樣他可能吃得比你餵他時快又多喔！喜歡翻弄食物是正常的，可以給寶寶一個有若干分隔的淺盤，或是給他幾個小碗，把他能吃的食物每種給他一些，告訴他這些是他的，其餘的是家人的。幾次之後，孩子會學到只翻弄他自己的，而不會把全桌的食物搞得天下大亂。

此外，要確定給孩子的**餐具是好用的**。很多新生兒還不太會吸吮，因此他們喝不多的真正原因在於奶瓶的換氣效果不良，奶嘴吸了幾口後就變扁了，孩子在吸不到的情況下當然喝不多，甚至會累得睡著了。相同地，對於開始把玩湯匙的小娃娃，大人們絕對不能奢望他們可以完全不漏接。湯匙的大小、凹度、握柄的方式等，都關係著操作的方便舒適。此外，坐椅的安全、高度等，當然都與寶寶吃多吃少有關囉！

很多人會強調寶寶食物的種類和內容的重要性，實際上只有在孩子還太小、牙齒發育不盡完全時，這項因素才較重要。對於

兩歲以後的孩子來說，**吃的意願**比吃什麼重要多了，只要孩子願意吃，多半的食物都是有營養的，只怕他不吃。但無論如何，幼兒的食物烹調原則不外重質更甚於重量、大小要適口，記得煮軟些，色彩漂漂亮亮的，這樣才會讓小朋友有興趣來玩一玩，同時把它吃到肚子裡面去！

至於**用餐的地方、程序**等，最好能維持固定的型式。當然幼兒難免坐不住，也許十分鐘便要下桌了，設法吸引他留在原位，如果他已經沒有耐性，讓他下去蹓一下，之後要求他回到原位繼續用餐。對於家中有較大兄姊的幼兒，兄姊的例子是最現成好用的規範，漸漸地，寶寶會瞭解，也較能遵循用餐的程序。

此外，**用餐的氣氛**也是重要的，全家高高興興地坐下來吃飯的感覺，連孩子也能感受到，若大家各端著飯碗，盯著電視，互不交談，就難怪孩子坐不住要四處蹓躂了。當然囉，偶爾鋪個報紙在院子吃吃三明治，或大家一起動手做飯糰，扮家家酒，就算弄得亂糟糟也很快樂，這樣用餐更會食慾大增呢！因此，保留一點彈性，在固定的型式中加點變化，孩子會覺得更有趣喔！

最後，當然不可忽略，無論大人小孩總會有**生理心理的變化起伏**，尤其幼兒在成長階段，由長牙到打預防針等許多狀況都會影響到他的胃口，偶爾連大人也會不想吃飯呀！因此，多加留心孩子的生、心理變化再配合調整，相信孩子能夠餐餐吃得好，父母也就能天天沒煩惱！

晚安，寶貝！

「老公，該你了！」好夢方酣的爸爸被搖醒，還有些摸不著頭緒，半天才回過神來，從睡眼朦朧的媽媽手中接過小寶貝。

小傢伙兩個大眼睛還骨碌碌地轉著，一點睡意也沒有，甚至咧嘴跟他笑了，「唉！實在拿你沒辦法！」啼笑皆非的爸爸拎著小娃兒起身，「好啦，換媽媽睡覺，爸爸陪你吧！」抬頭看看時鐘——清晨四點，還有得耗呢！這時突然靈機一動，「好吧！我來好好消耗一下小鬼頭的體力，看你睡不睡！」爸爸開始使出渾身解數，一下追逐，一下飛高，沒想到小傢伙反倒玩得起勁，咯咯笑個不停，還要一玩再玩，樂此不疲。天色漸白之際，終於有人不支倒地——是可憐的老爸！六點鐘被鬧鐘吵醒的媽媽看到折騰了一夜的小鬼頭終於變回小天使，安詳地睡在已經不省人事的爸爸身邊，嘴邊竟然還留著一抹甜蜜的笑呢！這下可好，白天睡得這麼熟，晚上又有得瞧了！

很多人回想起孩子小時候那些日夜顛倒的日子，都會餘悸猶存。老公當時便常滿眼血絲地趕去打卡，再找個地方倒頭補睡，有一次甚至停好車還沒來得及下車，就在車上呼呼大睡起來了！因此為了治小鬼頭，各種花招都出籠了，什麼衣服反穿啦，白天抱出去玩啦，去廟裡拜拜啦……可是小傢伙依然是白天怎麼搖都睡得像個布娃娃，半夜卻開始像吃了興奮劑似地，怎麼整都神采飛揚，絲毫沒有睡意。這下當然苦了老爸老媽，身為家庭主婦的媽媽可能會體恤要上班的爸爸，配合小朋友作息，全天奉陪。反正要日夜顛倒，老媽就跟你一起顛倒，總有一天你會再倒回來！可是碰上父母都是上班族時，恐怕犧牲誰都不公平。商量輪著上大夜班吧！一個先睡養精蓄銳，另一個就「守著燈火守著你」，陪小傢伙耗，幸好這樣的時期總會過去。只是可長可短，

這陣子我開始更熟悉周圍的世界了——我住的地方、我的房間、小床，還有常出現的人，不再會覺得奇怪或陌生，我發現他們都好有趣喔！所以我想進一步多認識他們。我想讓爸爸媽媽抱我去各個房間仔細看看，把每種玩具拿來好好玩一玩，或是跟爸爸媽媽玩……都很新奇有趣。可是好奇怪喔！他們都玩一下就不玩了，就很累想睡覺了，還要叫我也一起睡，可是我還想玩啊！有時候大人會不理我，或是把我抱起來，或放在小床上搖得頭都要昏了……總是一直叫我也要睡覺。可是當我真的要睡時，他們又說這時候不能睡，拼命要叫我起來，真是好奇怪喔！睡覺為什麼還有對不對的，我想睡就睡啊，為什麼一定要跟大人一樣呢？

在過的時候也真是度日如年，到底小傢伙為什麼會日夜顛倒呢？

有些小孩即使已經上小學了，時間對他仍是沒有意義的，更何況是小嬰兒？其實對幼小的孩子而言，時間通常是相對的而非絕對的，玩或看電視等有趣的事永遠有時間繼續，做功課等討厭無聊的事則永遠不想花時間去做。尤其在嬰幼兒時期，吃喝玩睡就是他生活的全部，在逐漸減少吃睡時間比例的同時，玩樂的比重自然便相對增加了。而大部分會開始有日夜顛倒的情形多半在半歲到一歲之間，這時小孩的睡眠比起剛出生時，不管是在時間長度或次數上，都漸漸減少了，視、聽覺的發展也成熟多了，不再只是軟綿綿的像個娃娃似地，而開始變得比較像小孩了，可以好好跟他逗著玩上一陣子。其實小寶貝這時正逐漸脫離臍帶分離焦慮，由原本仍眷戀在子宮中與媽媽一體的完全包覆性安全感，逐漸適應自己是獨立個體的事實，而周圍環境中熟悉的人事物，也建立了取代式的安全感。雖然在行動上他仍然需要依附著大人，在心理上也寄託在固定的對象上，但他已經開始能放心地去探索周遭，進一步去發掘身邊各種有趣的事物。對他而言，醒著時的每一刻隨時都有驚奇，所以你可以看到他總是睜著大眼睛，不停好奇地東看西看，手也不曾閒著，能碰得到的一定抓過來。隨著活動力的逐漸增加，他能探索的範圍與方式也相對增加。

也就在這反覆的探索中，更強化了他對周遭人事物的熟悉度，進一步奠定了心理上的安全感，所以即使這麼小，他可是開始會認「家」了喔！但是由於發展上他「當然」還不會看時間，而且這時腦下垂體的刺激正趨於規律化，因此他的作息可能不再像嬰兒時期。實際上我們可以把這段日夜顛倒的時間，視為

嬰兒作息正常化之前的過度期。通常事後你就會發現，過了這段時間，原先大半時間都在睡的小寶寶，已經調適成可以跟大人配合的生活作息，只不過需要多睡多吃些。例如通常早上會再睡一下，下午一定要睡午覺，但除此之外，晚上就寢及早上起床的時間，都不至於與大人相差太多。因此在面對小孩日夜顛倒的困擾時，可以自我安慰的是：這之後便會天下太平，絕不會永無寧日。

當然對於苦惱的父母而言，在此時期還是需要有些對策。既然日夜顛倒是小寶寶不睡、大人要睡，那麼何不**布置一個大人小孩通用的環境**呢？在兒子翻身翻得很順的時候，為了避免老是擔心他從床上掉下來，加上常被兒子哄睡了，怕他在大人被整垮時發生意外，因此我們當時便將臥房改裝，把床架拆掉，將整個房間鋪上塑膠軟墊，再放上床墊，能挪開的家具就暫時挪到別的房間，否則便都靠牆擺放，還弄個安全門擋在門口。在這裡面便不怕他會跌倒或撞到，因此我們可以安心地睡，放些玩具讓他自己玩，玩累了他也就在旁邊趴著睡著了。當然有時候難免他會心有未甘地過來找你一起玩，我們都會裝成睡著了，試了幾次他便會放棄，當然我們也會裝到變成真的睡著了。可千萬別爬起來跟他玩，認為玩一陣子他累了會較好睡，通常小孩會愈玩愈來勁，較可能睡著的還是大人，別上當了！

但是完全不做些活動來催眠小孩，則他有可能會睡著——無聊到睡著了，多可憐！在睡前**製造時間已經過了很久的假象**，會令小孩覺得玩夠了而甘願睡覺。我們說過小孩對時間的感覺是相對而非絕對的，所以指著時鐘告訴他，已經玩了兩小時，現在已

經十點鐘，該睡覺了等對他都沒有意義，活動的多樣性、變化性及地域、人物的轉換，才會讓他有「做了好多事、過了好久」的假象。因此，整個晚上同一個人陪寶寶做同一件事，對雙方而言都很無趣。換不同的房間、角落，跟不同的人玩不同的事，就像一桌的菜每種都吃一些，一下子便會有已經吃了很多的假象而覺得飽了。只不過在**活動性質**上記住要由動到靜，先消耗體力再導入安寧的活動，如聽音樂、講故事等，小寶寶會很滿足，也很甘願地去睡覺。

另一要項則在於**睡前氣氛的營造**，小孩通常會在他人還在活動時不甘願也不容易睡著，固然他的房間已點上小燈、放上音樂，可是他看得到你的燈還亮著，聽得到電視中的聲音，難免會想起來找你，所以請親愛的爸媽稍微犧牲一下，讓他認為大家都跟他一樣要睡覺了。這時候的小孩可不懂為什麼我必須要睡，而別人可以不用睡呢！當然如果家中有較大的孩子，會比較能由於大孩子的示範而引導小的孩子，因此這時**睡前常規的建立**也是必要的。每天都是固定的程序，自然而然地，他會知道說完故事喝牛奶，然後刷牙洗手關小燈就是該睡了，藉由習慣的建立，日後更可以幫助小孩自行料理日常生活事務而漸漸獨立。

當然也有特異功能的小孩，真的固守他日夜顛倒的功夫，這時只好儘量利用前面提到的環境布置。在安全的環境中，小寶寶要玩，至少大人還可以安睡，而不要賠了夫人又折兵。在此期間，千萬不要因此傷神動怒，孩子絕對不是故意找麻煩，何況這種現象絕對不會延續太久，過了這段非常時期，每晚熄燈時，爸媽便可開心地說聲：「晚安，寶貝！」

趴睡、仰睡又何妨？

窗外藍天白雲的大好天氣，媽媽興沖沖地拿起梳子，將一頭長髮紮了個馬尾，對著鏡子一照，卻不禁洩氣地把它給扯散開來──「唉！一個大扁頭，梳起馬尾就是難看！」床上的小寶貝喝完了奶，正咿咿呀呀地自言自語著，媽媽過去坐在床邊一邊逗弄著，一邊告訴小寶寶：「還好你是男生，否則像這樣躺著睡，將來也是跟媽媽一樣的大扁頭。唉！人家都說從小就要像外國人那樣趴著睡，頭型才會漂亮，偏偏你奶奶就說什麼趴睡會悶到，想偷偷把你翻過來睡，你又軟趴趴的，媽媽也不會翻。唉！說這些也沒用，就算現在讓你趴著睡，也救不回來了！以後如果生妹妹，再怎樣也得讓她趴著睡，否則難免像媽媽一樣，長大後悔都來不及囉！」

的確，傳統的東方社會中，睡覺想當然是躺著，尤其是小嬰兒，怎麼可能讓他趴著睡，多危險哪！可是西風東漸，現在不只奶粉跟著洋人喝，連睡覺也要向他們學，說什麼趴著睡臉型才會漂亮，看著電視上外國人的小寶寶個個都像洋娃娃，媽媽們不心動也難。尤其是女娃娃，為了不想讓她在長大後怨恨媽媽讓她睡成大餅臉加大扁頭，許多父母因此極力主張趴著睡。而這種說法聽在老一輩的耳中，往往是無稽之談——大夥還

討厭，討厭，又來了啦！最近爸爸媽媽真討厭，老是喜歡把我翻來翻去的。有時跟我玩著玩著，就把我翻過來趴著，看我拼命掙扎著把頭抬起來，爸爸說：「好啊！練習練習臂肌！」一會兒我受不了哇哇哭了，媽媽會不忍心地說：「他好像不喜歡趴著啷！」「哎，妳就是心軟，這樣他永遠也不肯趴著睡！」就在爸爸媽媽爭論時，奶奶來了——「唉唷！你們又在折騰我的寶貝孫子了。」我這才得以重見天日。可是有時候我睡著了，爸爸又會把我撥撥弄弄地，想讓我趴著睡，我醒了發現趴著想翻過來時又會哭，然後爸爸媽媽和奶奶又要吵一次我該趴著還是躺著。其實漸漸的，我也不覺得趴著有那麼難過了，我可以用手手把身體撐起來，還可以玩一些小東西，睡的時候也可以自己轉頭換邊，趴著也挺有趣的。尤其前兩天，我竟然無意間自己翻了個身，由躺著變成趴著，哇，太棒了！就讓大人們繼續去吵他們的吧！其實趴著躺著對我來說都有不同的樂趣，不像大人們真無聊，還想到我長大頭會變什麼樣子。反正我得趕緊練習，哪天我可以自在地翻來翻去時，你們也就不用吵了，那時候要趴要躺也由不得你們了，我自己翻吧！

不是這麼睡大的，扁頭難道會比較笨嗎？──於是在趴著、躺著的爭論之中，孩子也許會像煎魚一樣，時而被翻來翻去的。到底該讓他趴著睡還是躺著睡呢？

無論小寶貝出生時趴著或躺著睡，一旦到了四、五個月他會翻身後，的確就比較無法控制了，這時候他的睡姿習慣多半已經形成。換句話說，要讓小寶寶怎麼睡得快快決定。當然對於許多初為人父母者，即使想讓寶寶趴睡，恐怕也會因為不知怎麼處理這軟綿綿的小東西而作罷。兒子剛從醫院抱回家的前幾天，每次睡著了都得先讓他躺著，再千方百計地把他翻成趴著，但到了女兒時，在把她放到小床時，便順勢一轉手，輕而易舉地就讓她趴得好好的。當然這些手勢一回生二回熟，久了也就不困難，問題是要怎樣決定趴睡還是仰睡，兩者有何利弊呢？基本上並沒有什麼很嚴重的必須如何的因素，大扁頭也的確不會比較笨，但是有一些不同之處可供參考。像是新生兒多半較易驚醒，稍有些大聲音，便會手腳揚起驚醒，因此老一輩可能多半會將一、兩個月內的娃兒用毛巾把手腳都裹起來，像個麵棍似地，就是怕他受外界影響而嚇到。實際上這是由於新生兒的自主神經及反射神經發育的緣故。再者，愈小的個體對於外界刺激的感受度也相對放大，因此大人們不覺得大聲的，對小寶寶可能就是轟然巨響了。在這種情況下，趴睡的確有助於降低外界干擾的程度，手腳都向下趴著睡，通常比仰天睡的娃娃更不容易被吵到。但是相對的，有呼吸道或心肺功能方面問題的小孩，可能就不適合趴睡，因為趴著時對胸腔的壓迫遠較躺著時來得大，而通常小嬰兒也無力去調整或告訴大人這種不適。因此在決定讓小孩趴睡或仰睡之前，

最重要的前提是確定他可不可以這樣做。最簡單的方式便是將小孩由醫院抱回家時，向出院檢查的醫生查詢一下「他可以趴著睡吧？」回家後，無論是何種決定，仍要注意幾個原則。

首先，決定後便**持續執行**，不要變來變去。最常見的便是父母想讓小孩趴睡，而老一輩的反對，或像前面提到的，新手爸媽實在不會讓小孩翻過來趴著。這些情況下的小寶寶通常在前一兩週真的會像魚一樣，在床上翻過來翻過去地煎著，直到終於有一方放棄或達成決議，才能安然入睡。當然另一種常見的狀況，是父母不忍心看小寶寶趴著時掙扎的慘狀。一般小孩在剛被翻成趴著時多半會因為不習慣，而且手腳較無法自由舞動而掙扎著要翻過來，這都是正常的。但是隨著肌肉發展，尤其是現在的小孩營養好的情況下，多半一兩個月他便能自己把頭抬高，也可以不費力地轉頭。因此，爸媽如果因為他不習慣趴著便把他翻回來，可能便需決定要讓他習慣趴著還是算了，最好不要時而讓他趴，時而讓他躺，遲遲下不了決心。

無論怎麼睡，**安全**總是最重要的。有一陣子，在嬰兒猝死症的陰影下，父母都不敢貿然讓孩子趴睡。其實嬰兒猝死症目前仍無確切的原因，倒不必就因此因噎廢食而不讓孩子趴睡，只是趴睡在安全上的確更需注意。首先，寶寶的被褥儘量不要太膨鬆，無論是墊被或蓋被皆是，床墊也一樣，避免用厚軟的墊子，以免小寶寶被悶到。尤其在冬天，許多爸媽生怕小孩凍著了而放上一大床被，其實小孩太小怕悶到，大了會踢被，蓋也蓋不住，因此最理想的便是用冷暖氣調節。冷氣要能控溫定時的，暖氣最好用葉片式的，如此不必擔心小孩踢被或燙到，父母也可以安睡到天

亮。除了被褥外，**睡姿的調整**也很重要。有些父母把小孩往床上一放便走了也很危險。趴睡的小孩需要把臉轉一側，以免口鼻向下悶住了，小手掌心幫他向下擺正在耳朵兩側，身體轉正，腳向兩邊微彎放直，這樣他可以在睡時很輕鬆地自己轉頭換邊。躺著睡的小寶寶，則要將手擺到身體兩側，新生兒最好以被子兩邊將手包裹住，被子角壓到身體下方，避免受外界干擾而驚醒。無論那種睡姿，父母最好能**偶爾察看**一下，以免小手舞動時，不經意地把被子蓋到臉上了。

即使小寶寶已經習慣趴睡了，也不見得就要一直趴著睡。相對於曾經看過躺成像銅板似的大餅臉，我也曾看過小孩趴著睡成長棒形的臉，兩者長大了都多少會怨爸媽吧?! 其實為了避免在晚上長時間睡眠時，小孩趴睡有狀況而父母不易察覺，並且晚上大家都睡了，也比較不會有太多干擾，我的兒子女兒都是白天趴睡，晚上躺著睡。如果以頭型為趴睡的目的，那麼這樣的睡法成果仍然不錯，至少女兒看起來的確像洋娃娃，兒子的頭型也很好。因此不必擔心一定得全天候趴睡或躺睡，只要小孩習慣，睡得好就好了。而在小孩感冒鼻塞時，可能就必須仰睡甚至側睡了，所以，怎麼睡不重要，睡得好最重要！

當然，對於趴睡的孩子，父母還得注意**不要讓他習慣睡同一邊**，得適時幫他轉個邊，否則希望他頭型漂亮的原意沒達成，反倒變成大小臉，豈不適得其反？此外，剛吃飽喝飽了可能也請先讓他躺著吧，以免頂個大肚子趴著不易消化也不舒服呢！這些小細節在趴睡仰睡之外，必須有**彈性的調節**方式。無論希望他睡得穩或睡得漂亮，父母為了孩子所費的心思，應該都能讓孩子將

快樂安全齊步走

聽到門口嘈雜的聲音，媽媽知道又是小姑帶著甜甜回來了，這下免不了又要來「比孩子大會串」——每次只要小姑回來，差不了幾天的甜甜與小寶就會被婆婆拿來「超級比一比」：比比看誰高誰重啦、誰長得可愛誰又會說話啦……尤其最近兩個都快滿一歲，婆婆更是發出重賞：「誰先會走路，奶奶過年就給他個大紅包！」偏偏小寶幾乎都落敗，雖然比較重，但沒甜甜高，話也沒人家會講，最近學走路也是沒膽子邁開大步，虧他還比甜甜大了快一個月呢！加上這陣子小姑回來總帶著學步車，讓甜甜坐在裡面滑來滑去的，有時還會說：「大嫂，要不要給小寶也買一部，這樣學走路比較快！」婆婆也在一旁幫腔：「對啊！妳不要聽人家說什麼小孩坐學步車會怎樣，他們哪個不是這樣坐過來的！妳看人家甜甜……」，看著一旁扶著椅子慢慢挪動的小寶，還有如螃蟹般四處橫行的甜甜，媽媽心裡也不由得猶豫起來：「要不要讓小寶坐學步車呢？」

對許多媽媽來說，要不要讓小寶貝坐學步車，什麼時候坐、要注意些什麼、學步車真的能幫助小孩學走路嗎？……這些有關學步車的疑慮，在以前多半是不會考慮到的。許多老一輩的對現代父母的育兒方式都覺得不可思議——從奶粉到尿布樣樣都有那麼多顧忌，學走路坐學步車不是天經地義嗎？滑一陣子小孩自然就知道怎麼走，而且放在學步車中，大人才能做些事，小孩也樂得能四處去，有什麼不好呢？

這陣子我又快樂又煩惱，快樂的是發現我變得更有力氣、更棒了……我可以站起來了啷！以前我雖然可以爬得很快，快到可以追上爸爸媽媽，可是高高在上的那麼多東西我都拿不到。所以那天我用力抓著大桌子，結果我真的站起來了！像爸爸媽媽一樣，用兩隻腳站高高呢！這兩天我甚至試著沿著桌子移動一下，媽媽都為我拍手，告訴爸爸我會走了……喔！原來這就叫走路！可是褓姆王媽媽前一陣子就把我放在一個圈圈椅子裡面，我的腳可以踮到地，踢一下它就會跑，坐在裡面可以滑來滑去的，那不就是在走路嗎？而且那樣走好簡單喔！我只要踢踢腳就可以走好快，不像自己走都會怕怕的，不知道要怎樣走、會不會摔倒。可是坐學步車雖然快，坐久了屁屁好痛，我又不會自己爬起來。有一次我累了想自己下來，結果爬到一半就卡住了；還有一次我走得好快好快，碰到門就翻過去了……當然每次我都嚇得大哭，所以我很煩惱，到底我什麼時候才能像大人一樣會自己走路呢？

對孩子來說，坐上學步車的確能令他初次體會健步如飛的喜悅。不只能像大人一樣行動，甚且有過之而無不及，在一段時間的演練之後，有的小孩坐在學步車上簡直就是橫衝直撞。而學步車之所以引發疑慮，也就在於它的安全性。雖說學步車的構造大同小異，無論外形是圓是方，總是最外圈有一環隔板，一方面可以在上面放些東西給孩子玩，一方面也作為安全防護裝置，就像車子的保險桿一樣，小寶寶坐在當中等於卡在裡面，只有手腳能自由活動。由於學步車本身的體積，許多時候寶寶無法進到學步車過不去的地方，對於半徑範圍以外較遠的地方也搆不到，因此可以有效阻絕他們抓拉危險的物品。另一方面，由於學步車重心低，小孩腳又踮得到地，因此似乎還頗安穩。由此看來，學步車在機能上應該沒什麼安全性的顧慮嘛！問題是學步車是給還不會走路的小孩坐的，他們本身對站立行進的技巧還不熟悉，更不要說能操控自如了。就像新手開車一樣，本來就應該多加小心，偏偏有些駕駛卻不安分，急著享受馳騁之樂，這就難免會有些狀況了。最常見的就是翻車，多半是孩子伸長了手去搆東西時重心太偏向一邊，或是衝撞太快而發生翻覆。但由於孩子坐學步車多半是陷在其中，因此翻覆時如果在平面或大人就在一旁，還可稍加扶助，可能不致太嚴重。但如果碰上門檻之類的突起處，甚至在樓梯口，那後果就不堪設想了，常在報章看見有關學步車的意外多屬這種。因此，並不是把小孩放入學步車，大人就能高枕無憂。

對孩子而言，坐在學步車上的行走方式跟他自己用兩隻腳的力量前進是完全不同的，尤其在身體平衡的訓練方面，學步車並不能提供寶寶任何模擬演練的經驗。因此對於走路真實的體驗，恐怕還是得腳踏實地才對寶寶有意義。針對學步車無論在結構或在應用上的特點，爸爸媽媽要怎樣讓孩子坐學步車呢？

在孩子會走路後，父母們如果回想一下就會發現，其實多半在一、兩個月之內，孩子便能由扶物前進進展到自己行走了，因此用學步車頂多不過三、四個月的時間。孩子一開始扶著家具前進時，如果有現成的學步車，在父母從旁協助下，可以偶爾讓孩子坐坐玩玩。但如果沒有，學步車也並非必要，應該不必大費周章或花一大筆錢添購，因為這段時期與其他的成長過程比較，可說是轉眼即過，屆時學步車反成贅物了。由於孩子大多是過了九個月才會開始學走路，因此**不必太早讓孩子坐學步車**。有的孩子才六個月，都還坐不穩，就被放進學步車，只見寶寶根本是窩成一團，更別說能「學步」了！當然每個孩子的發育狀況不同，但一個簡單的辨識方法是，當你用手輕托著寶寶的兩隻小手時，如果他能有力蹬直雙腳站立起來，他的腿肌才是準備好能練習行走了。在此之前，千萬別急著讓小寶寶站或走，這樣可能會對他造成傷害。大多數孩子在一歲前後都能由蹣跚學步進展到自行前進，但如果孩子過了一歲半還無法走得很穩，爸媽恐怕就必須讓小兒科檢查一下相關部位，以免有任何狀況未能及時發現而延誤醫療時機。像是先天性髖關節脫臼，如果在新生兒篩檢或健兒門診時未發現，過了兩歲以後，能矯治的機會即微乎其微了。

讓寶寶坐上學步車前，爸爸媽媽請先**檢查一下車子**。首先是高度，讓孩子坐進去，看看他的腳伸直時腳掌能否平貼地面。最好他的膝蓋能稍彎，腳掌能平貼地面，這樣才能輕鬆有力地運轉

自如。其次是車輪，翻過來檢查滑輪是否牢固，轉動是否靈活，與車體接頭處是否平整。最後看看車體的支架及外圈的置物平台，是否都平整光滑，不要有尖角或突起，以免意外刮傷了小寶寶。此外，讓寶寶坐進去滑溜一下之前，必須**注意清除地面上的障礙物**，有樓梯門檻的地方把門關上，並且隨時注意孩子前進的路線上有沒有任何危險。可以在車上掛個鈴鐺或是會響的東西，以便能隨時探知他的行蹤。

最後，就像前面提過的，坐學步車與孩子自己走路是不同的，因此**別讓孩子一次坐太久**，二十分鐘到半小時便夠久了，該把他抱起來做別的活動。一天也不要超過兩小時，學步車無法真的讓寶寶學會走路，因此，認真的爸媽，還是讓孩子自己嘗試踏出成功的第一步吧！

總之，寶寶學走路對父母而言，是驕傲與高興的一刻，對孩子本身，更是邁向獨立、探索世界的重要里程碑。如何讓他能穩穩地邁開步子、安全順利地前進，是所有人的希望。學步車只是這個過程中的一項輔助工具，而且是非必要性的，最重要的還是父母及周遭的**鼓勵與扶持**。因此，善用學步車，而非被學步車誤導，是父母們在取決是否用學步車時要先自我提醒的。而無論是否用學步車，盼望孩子終究能穩穩地邁開步伐，安全快樂地向前走！

便與不便都不方便

「還是給他塞屁股吧！」爸爸對忙著哄著哭個不停的寶寶的媽媽說道，「不好吧，他還這麼小，而且前兩天才塞過呀！」「可是已經三、四天了，你看他這麼哭鬧，一定很難過！」「醫生說儘量不要常用塞屁股的方式，否則一旦習慣了，以後動不動就得塞！」「……」就在爸爸媽媽的爭論中，寶寶卻哭累了，已經躺在一旁睡著了……「那等到明天再說吧！」

～第二天～

「爸爸快起來，寶寶便便了，寶寶便便了！」一向視清大便為畏途的媽媽，頭一次這麼高興見到寶寶的便便！「一早打開尿布就看到他便便了。你看，一大堆，都三、四天了，難怪！」……嘰嘰喳喳討論一陣子之後，媽媽卻又不由得擔心起來，「唉，不知道過幾天會不會又便祕？這陣子怎麼搞的，我也儘量讓他多喝水，吃青菜，前兩天人家告訴我一種中藥……對了，我得趕緊打個電話問問。」望著媽媽的背影，爸爸翻過身來伸手戳戳小床上的寶寶額頭，嘆道：「你這個小鬼頭，一早起來就得看你的『黃金』！前一陣子

拉肚子，這陣子又便祕，你的肚子裡到底裝了什麼機關，實在看不透！」看著嘀嘀咕咕的爸爸，寶寶竟然開心地呵呵笑了起來……。

出生到一歲半左右，寶寶的排便狀況往往是爸媽觀測孩子成長的指標之一。偏偏在此階段中，常在寶寶排便方面最容易有困擾。除了頻率之外，還得觀顏色、查份量，大些又得煩惱如何訓練寶寶自己上廁所……除了得動腦筋讓寶寶「吃進去」之外，還得留意之後能夠「出得來」……唉！真是父母難為！

寶寶胃腸好的父母們可能無從想像，那些為孩子「腹中大事」傷神的爸媽是如何煩惱。一個朋友的女兒出生後不到半個月又住回醫院，原因是不斷拉肚子，點滴吊了幾天出院，隔幾天又回醫院。就這樣來回折騰了好幾趟，當媽的不但月子沒做，還得了嚴重的產後憂鬱症。以前的年代，經濟環境不如現在，孩子吃母乳長大，絕少有適應不良的問題。現代的父母費心分析各種奶粉的營養成份，反而孩子的不適應症狀較常出現，因此現在又極力主張哺育母乳，主張「牛奶之所以為牛奶，因為它的對象是牛，是適合給小牛成長食用的」，換言之，人類食用就不一定適合了。的確，我自己便是典型的「東方人腸胃」，一早空腹喝牛奶一定會拉肚子。因此，如果小寶寶喝牛奶會拉肚子，不要太在意——因為他是人，不是牛嘛！幸好現在的奶粉選擇很多，真的

嗚嗚，媽媽我的肚肚好難過，我想便便，可是又怕怕，便便時屁屁都會好痛喔！媽媽每次都叫我要用力，可是用力屁屁真的好痛，我好怕！如果便不出來，媽媽又會拿東西塞在屁屁裡，然後我的肚子就會咕嚕咕嚕，不想用力都不行，一下子就會便便了。之後媽媽幫我洗洗，肚子就不難過了。可是過幾天又會想便便……討厭，為什麼幾天就會要便便呢？便便又為什麼會那麼難過呢？以前小時候喝ㄋㄟㄋㄟ也是，有一陣子我喝完ㄋㄟㄋㄟ後，肚肚就會很難過，我一直哭，媽媽很緊張，說我「拉肚子」，後來給我喝了不同味道的ㄋㄟㄋㄟ才比較舒服。現在不必常喝牛奶，可是媽媽又時常要在飯飯裡面加很多討厭的菜菜，我都咬不動，媽媽卻一定要叫我吞吞，不然會「便秘」。什麼是「便秘」？什麼又是「拉肚子」？有些東西我想吃卻不能吃，有些東西我不想吃又一定要吃，真是很奇怪！不知道大人們是不是也有「便秘」、「拉肚子」這些煩惱呢？

有乳糖不適症也有其他以豆類為原料的植物性奶粉，基本上不至於找不到合用的。不過餵母乳當然是最根本，也是最好的解決之道。

在以牛奶為主食的前幾個月，孩子腸胃方面的不適多半也是源自於牛奶。隨著食物的多樣化，要找出腸胃不適的原因也愈形複雜，因此往往無法治本，只能針對症狀尋求解決之道。腸胃不適的症狀不外兩大類：便祕與拉肚子。一般父母對於拉肚子總是

比較緊張，因為通常此時孩子由於脫水，消瘦得很快，而且吃的東西都必須限制，甚至不能進食。但是便祕除非很嚴重，否則爸媽較少會聯想到可能引發什麼重大症狀。其實以我們大人的親身經驗而言，只進不出的便祕與只出不進的拉肚子都是很難過的，何況是無法充分以言語表達感覺的小小孩呢！因此，如何為他們尋求解決之道，應該是父母的必備常識，甚至是大人們自己也應多加注意的喔！

首先，應該**確定導致孩子腸胃不適的原因**，是生理性的、病理性的還是其他。有時孩子的確是因某種問題而引起的症狀；像是脫腸、疝氣等，這就不是一般單純的腸胃不適。因此一旦有任何症狀，最好都先經由醫生判別原因對症下藥，以免有所延誤。拉肚子多半導因於細菌感染，像流行性感冒的輪狀病毒便容易引起腸胃方面的毛病。有時則是由食物原料、烹調或貯存過程中的衛生不良，或是食器不潔等內在因素而起，因此也應注意環境中的可能原因。但也不必因噎廢食，每件器具都得消毒再消毒。我有位親戚便是因怕孩子感染，即便過了嬰兒期，仍然由奶瓶到碗筷全面煮沸消毒，但孩子並未因而免疫，反而一天到晚拉肚子，因為對外界一點抵抗力也沒有。當然這個例子並非要父母像台灣諺語所說：「垃圾吃垃圾肥」，連基本的衛生都不顧，而是要適可而止，孩子漸漸長大，抵抗力自然會增加，保護過度反而適得其反。

除了細菌性感染外，無論拉肚子或便祕，恐怕都得從**調整食物內容**著手。不管大人小孩，均衡攝食都是理想，實際上每個人的口味及習慣都有偏差，尤其對嬰幼兒而言，「應該」對他根本沒有意義，「喜不喜歡」才是最直覺的反應。因此父母可能必須費神如何讓他「喜歡」吃下「應該吃」的東西。有的孩子腸胃不適是體質的關係，但是後天的食物調整仍能大有幫助。譬如容易便祕的小孩，當然需要多補充水分及富含纖維的蔬果，因此平時養成喝牛奶或其他飲品後再喝開水的習慣，不但有助於保護牙齒，也可適時補充水分。另外，在餐後或兩餐之間全家一起吃吃水果，有助健康也可增進感情，太刻意餵小孩子某樣水果，他可能反而不領情。當然水果的種類也需依症狀調整，例如水蜜桃等桃子類或柑橘類水果富含果膠及纖維，有助緩和便祕，但對拉肚子的小孩，則可能要避免中醫所謂「性寒」的果蔬，甚至斷食或儘量清淡。而有些水果像蘋果，單獨吃可止瀉，加蜂蜜則軟便，可別用反了。但是也要留意，蜂蜜由於可能含過敏原，一般不建議讓兩歲以下的嬰幼兒食用。至於蔬菜，則是一般父母較頭痛的，因為蔬菜纖維在切得細碎或煮得爛糊時，通常量也比較不足，但太長或太硬小孩子又不易嚼食。其實可以折衷一下，如高麗菜或菠菜等可以不必切太碎但煮軟些，記住要保留蔬菜汁拌在一起，一次一小口讓小孩自己咀嚼，對七、八個月以上牙齒正在發育階段的小孩，除了補充纖維，還可以幫助刺激牙床，有助於固齒。

當然如果症狀嚴重，**求助於藥物**是必需的。藥物一般可分口服及塞劑，拉肚子通常是口服，但如果合併發燒，則可能也須用塞劑，或甚至症狀嚴重時塞劑無法使用，則會以點滴注射。便祕則除了前述的食療方式外，口服的軟便劑及塞屁股的緩瀉劑都是可能採用的，但要特別注意份量。最好向醫院或合格的醫藥人員

查詢，因為各種廠牌的使用劑量不同，尤其是緩瀉塞劑。我便曾在某藥房得到「整個用沒關係」的答案，到了另一家，卻是「兩歲以下最好不要用，頂多用 1/4」的說法，二者劑量相差數倍。實際上塞劑多半是刺激腸子蠕動，但過量時引起的不只是蠕動，而是痙攣，此外，慣用後則可能導致腸子疲乏，父母不可不慎。

最後，當然要及早養成日常**正確的飲食習慣**，定時定量，少吃過多人工添加物或太過精製的食品，避免同質性高的食物，儘可能多樣化，當然不偏食更是重要的飲食之道。雖然嬰幼兒期在餵食方面較費神，但良好的習慣終身受用。胃腸好的孩子在日後成長上也可讓父母少操許多心，在父母的努力下，孩子自然可以吃得營養、長得健康！

我吸我吸 我吸吸吸

「爸爸，快來幫忙找！」才剛下班進門的爸爸看見媽媽著急地在地上翻東翻西的，一旁的寶寶則在小床上哇哇大哭：「什麼東西不見了？寶寶怎麼了？」一頭霧水的爸爸真是摸不著頭緒，「奶嘴啊！不曉得掉到哪去了，」媽媽哭喪著臉，「睡到一半找不到就醒了，再怎麼哄都不肯再睡，唉，我看你趕快去買一個好了！」「又要再買一個啊？已經買過好幾個了……咦，等一下，我好像摸到了……。」爸爸從床下摸出來，「真的找到了，天啊！原來掉到床底下去了，難怪找半天找不到！好了好了，寶寶，媽媽幫你把奶嘴燙一燙。」……找到奶嘴的寶寶滿足地吸吮著，不一會兒便睡著了，「總算天下太平！」媽媽累得癱在椅子上，「我看還是把寶寶的奶嘴戒掉吧，這樣也不是辦法！」爸爸勸媽媽，「我也知道啊！可是他沒奶嘴就又吵又鬧的，而且人家說這個年紀就是『口腔期』，如果沒有充分獲得滿足，以後長大心理會有問題耶！」「哪有這麼嚴重，都是些所謂的專家亂唬人。」「人家專家就是專家，否則……」就在爸媽的爭論中，寶寶依然吸吮著他的奶嘴，甜甜地酣睡著……。

你的小孩吃奶嘴嗎？或曾經吃奶嘴嗎？那麼你是不是對奶嘴既愛又恨呢？愛的是小寶寶真是一吸就靈，不哭也不鬧；恨的是沒了它，小天使就變成小魔鬼，怎麼哄都不對！明明只是塊橡膠，嚼在嘴裡也沒什麼味道，連口香糖都不如，真不知道寶寶為什麼非得咬著，還吸得津津有味，拿都拿不下來。友人常會告誡爸媽：「不要常給小孩吃，嘴巴會翹喔！」真的要戒呢，那可得經歷一場世界大戰，各種酷刑手段諸如在奶嘴上塗辣椒、剪斷、丟馬桶沖掉等皆有。然而寶寶也相對施展渾身解數，徹夜大哭、滿地打滾、不吃不睡……總得等到有一方宣告投降才能重見天日。當然最好是寶寶從此告別奶嘴，但常常卻反而是爸媽敗下陣來，於是在小寶貝沒戒掉奶嘴之前，這樣子的「天人交戰」總是每隔一陣子便重播一次，終於在大戰數十回合後，寶寶真的斷了奶嘴才能闔家安樂……這樣的輪迴不知在多少家中上演過，說到這兒，是否也勾起了你當年與奶嘴交戰的慘痛回憶，或是……你家目前正是戰況慘烈呢？

對大人而言，或甚至對脫離嬰兒期的小孩而言，吃奶嘴有什麼樂趣，真是令他們百思不得其解。兒子與女兒差了六歲半，當他勸妹妹不要再吃奶嘴時，我拿出他咬得齒痕累累的「末代奶嘴」給他看，他抵死也不承認自己曾經這麼無聊，會去吸「根本沒有味道嘛」的奶嘴。的確，一塊無味的橡膠放在嘴裡嚼會有什麼意思呢？可是眼前抱在手上的娃兒好像十個有八個咬著奶嘴，有的甚至會跑了還兜個繩子掛在胸前；有的還能咬著奶嘴跟你說話、唱歌樣樣來，像表演特技似的，媲美那些能刁根煙做事的大人。吸奶嘴好像已成了嬰兒期的象徵，有些大人甚至鼓勵吃

我的嘴嘴、我的嘴嘴又不見了——哇！媽媽快來幫我找找啦！每次我的嘴嘴不見了，爸爸媽媽都會很緊張，一邊找一邊安慰我，可是真的找到了，我在吸的時候又會一邊叨唸著「寶寶不要吃奶嘴了罷！」——真好笑，要給我又叫我不要吸！不過真的很奇怪，嘴嘴也沒什麼味道，又不像糖糖或ㄋㄟㄋㄟ，可是吸著吸著我就覺得很滿足——有個東西在我嘴巴裡，我可以一直感覺到它的存在，我知道它會在哪裡，我覺得很安全。尤其是想睡覺時，吸著吸著我就會很放心，然後很快就睡著了。還有當我不舒服時，我也要吸一吸，還有玩玩時、還有……，總之我可以隨時吸著奶嘴不會掉掉喔！很棒吧？可是爸爸媽媽還有很多人都叫我不能吃奶嘴，說嘴巴會變翹翹醜醜，不會吧？而且嘴巴翹翹有什麼關係？我還是要吸我的奶嘴，只有它是我能夠隨時隨地，隨我玩弄的。爸爸媽媽不會一直在旁邊，我又不知道要怎樣像大人一樣說話，只有把嘴嘴塞進嘴裡時，我就不必煩惱這麼多，我只要吸吸吸，再吸吸吸……喔喔，我的嘴嘴、我的嘴嘴又不見了！是不是爸爸又把它藏起來了？上次他好壞，把嘴嘴塗辣辣，可是我還是一邊哭一邊吃，一定是爸爸又把它藏起來了——哇！媽媽快來呀，我的嘴嘴又不見了！

奶嘴，因為寶寶比較不會哭鬧。但是過了嬰兒期，吃奶嘴反而變成不應該了，到了三四歲還咬著奶嘴，照顧的大人往往會被指責「還不幫孩子戒奶嘴！」如果到了上學還在吸，那簡直是不容於

天地、人神共憤了。奶嘴究竟該不該吃？該吃到什麼時候？又要怎麼戒呢？

兒子快滿月時，一天夜裡他再怎麼就是哭鬧著，該吃該換該抱的通通試過了還是哭，只有把奶瓶塞在嘴裡時才安靜下來。初為人母的我那時還不懂書本上的口腔期在實際生活中的發作便是這般，折騰到快天亮時只好變通的拿衛生紙塞在餵奶瓶的奶嘴上權充安撫奶嘴，第二天一早便去買了個奶嘴，當時還覺得很罪過，以這種方式養孩子。打電話問醫院的護士，得到的回答是「小嬰兒吃奶嘴天經地義」──所以，如果你的孩子真的必須吃奶嘴，請不要覺得罪過；但如果你的孩子不吃奶嘴，也不要認為他是怪胎。嬰兒時期就已經能顯現每個個體的獨特性，有的孩子就是對奶嘴沒興趣嘛！但也不需因此擔心「那他的口腔期沒得到滿足，會不會……？」心理學上的確將嬰兒期經由口腔滿足其慾望的發展過程列為此一時期的重要表徵，因此約在兩歲以前，嬰兒直覺的許多動作都與口腔相連，拿到許多東西便往嘴裡塞。直到他的語言表達漸趨完整流暢，也就是兩歲左右時，口腔在情緒的表達上才逐漸由原始的器官本能「吃」，發展為抽象的傳達途徑「說」，也由此逐漸脫離了口腔期，而轉為較複雜高階的其他階段。以此觀點出發，對奶嘴的作用一般在兩歲以前多較能認同，所以名為「安撫」奶嘴。但是兩歲以後，小孩會走會說了，也覺得已經人模人樣了，再叼個奶嘴就開始被嫌了，通常「嘴巴會翹」是最常見的反對意見。實際上呢？我的兒子女兒都吃奶嘴，也都差不多到兩歲左右戒掉，但是兒子的嘴唇並不翹，女兒則是生下來上唇便翹得很，每次人家一看就說「一定是吃奶嘴

喔！」其實當媽的才知道，這根本是天生的性感美女。所以要說吃奶嘴嘴唇一定會翹倒不盡然。那麼在眾說紛紜之中，又要兼顧什麼口腔期，又要考慮會不會翹嘴唇，到底要不要給寶寶吃奶嘴？又應該把握哪些原則呢？

首先，不要認為吃奶嘴是壞事，**順其自然**，有的孩子吃，有的孩子不吃，都不必刻意勉強。不吃當然省了將來如何戒掉的煩惱，而吃奶嘴的小孩，也不盡然都很難戒，有的孩子當著面告訴他「丟掉不吃了！」真的丟給他看，他倒也真的就死心不吃了。有的則會纏綿悱惻個好幾天，但多半也就是煩躁哭鬧個幾天就過了，所以先不需要對奶嘴抱有恐懼感。一旦孩子吃上奶嘴，一歲半以內真的能戒掉當然最好，否則這期間可以稍安勿躁，不要反反覆覆的，為了要幫孩子戒奶嘴反而鬧得全家人仰馬翻。但這並不是鼓勵父母讓寶寶成天咬著奶嘴，相反的，即使孩子吃奶嘴，也**應加以節制**。常見到一些父母或老一輩的，為了讓孩子不哭鬧，讓他無時無刻咬個奶嘴，這種吃奶嘴的方式就真的太超過了，除了在戒掉時會更費力外，恐怕還會影響到牙齒的發育。一般孩子最常想吃奶嘴的時候便是在睡覺前，其次是不舒服時，其他時間能免則免，尤其是在餐後和玩樂時根本不需要。因此，可以**形成一種無形的規律**，在睡前才給他奶嘴，告訴他「吃嘴嘴睡覺了！」等他睡熟了，記得把奶嘴拿掉，如果他醒了，不必馬上再給他，先拍拍他，搖搖小床，也許他就又睡著了。一直咬著奶嘴睡的孩子反而睡不穩，因為睡熟嘴角鬆弛了，奶嘴自然會掉，孩子就驚醒了。因此，奶嘴的作用只是安撫他入睡，睡熟了就該拿下來，放在容易找到、不易弄髒的地方。但是孩子醒了或吃飽

玩樂時，則要告訴他「不吃奶嘴了」，然後把它放在寶寶看得見的地方。像女兒從小就知道奶嘴掛在她床頭的勾子上，因此想睡時，她會爬上小床，自己把被子蓋好，然後才拿奶嘴吃，表示要睡了，其他時間則仍然勾在床頭。但是身體不舒服時，孩子會需要較多的安撫，所以這時不要太苛求他的吃奶嘴。如何規範寶寶吃奶嘴的習慣，是父母責無旁貸的，而這樣的原則也應該讓其他照顧者，如褓姆等知道並遵行，才能**形成一致性的規範**。

既然給寶寶吃奶嘴，當然要**注意使用上的安全與衛生**。小嬰兒時期應跟著奶瓶煮一下，大了些則至少每次使用前要用開水燙一燙，每天應清洗乾淨，並放在固定容器如杯子內。至於安全性上，則最好不要以繩子綁住掛在脖子上，以免不小心纏繞脖子。有一種奶嘴鍊一端可夾在衣服上，或是用個小袋子裝著，但基本上若不想讓孩子養成常吃的習慣，便不需隨時掛在身上了。

雖說吃奶嘴是一件小事，但**吃什麼樣的奶嘴**還是有點區別的，以往的奶嘴結構大致一樣，最常見的便是四處可買到透明的、一個平扁小圓盤上凸個奶嘴頭的，但近年來歐美引進的形式中，這個小圓盤多半有弧度，也比較小片，理論上比較符合嘴型。另外，也有依年齡區分為新生兒與較大嬰兒等各種不同尺寸的，當然在價格和普及度上可能不如傳統式的。我本來是給女兒買進口的奶嘴，丟了幾次後因為不易買到，一度改用傳統的。後來折衷改用本地改良式的，而且一次買兩個，一個備用，免除半夜全家打著燈籠找奶嘴的鬧劇。除了價格等的考量外，實際上選擇奶嘴型式最主要的考量是**會不會影響牙齒發育**，嘴唇翹不翹的影響反而較小。由於這個時期正值牙齒發育階段，吸奶嘴最容易

影響的，便是前面四顆最早長出來的門牙，因此在選擇上要多加注意，當然還是一個治本的原則，不常吃影響也相對降低許多。在注意牙齒發育的同時，連帶的也需**注意口腔的清潔**，奶嘴本身固然要注意衛生，口腔本身的清潔更重要，尤其是吃完東西時，最好先清潔過才吃奶嘴，否則咬著奶嘴嚼著嚼著，口腔內的細菌也因此滋生不少。

總之，吃奶嘴不是罪，但漫無規律地讓寶寶吃奶嘴，則是父母不應該。你家寶寶吃奶嘴嗎？吃哪一種的？什麼時候吃呢？……喔喔！奶嘴又掉了，快去找吧！

不說話，他就是不說話

「這個嗎？……還是不對。唉！媽媽真的不曉得你要什麼。寶寶，你用說的嘛！」媽媽沮喪地放下手中不知道是第幾個「猜猜看」的東西，只是站在遊戲床中的寶寶，還是伸出食指「依……依」地指著，不知是要媽媽拿哪一樣。「你都已經快一歲半了，還成天這樣依依叫，不會說話，明天回外婆家又要被唸了！」的確，每次回娘家總少不了被叨唸「會不會有毛病啊？這麼大了還是不會說話，趕快帶去檢查檢查。」可是每次健康檢查，醫生都說沒有毛病啊！叫媽媽不必緊張。有時與同事朋友談起，他們也都安慰說：「有的孩子說話就是比較慢」、「說不定他不鳴則已，一鳴驚人，一旦會說話就說得多又好呢！」但是再怎樣，媽媽心裡總還是牽掛著「會不會有毛病？」同樣是自己生的，老大不到一歲就能爸媽阿姨地叫人，怎麼老二會這樣？不行，不行，過兩天還是帶去好好檢查一下吧！唉，寶貝，你到底什麼時候才能開開金口啊？

孩子到一歲左右，除了身高體重外，父母會開始注意他行為能力的表現。這其中又最常以走路、說話為指標，似乎由此可以認定孩子在身體和智能方面有沒有問題。也因此這時候最常見的疑問，便是「都已經這麼大了，為什麼還不會走路（或說話）呢？」尤其是說話，一方面父母急於和孩子溝通，再方面許多人常誤將「會不會說話」或「何時開始說話」與「聰不聰明」劃上等號，造成「早早會說話的小孩一定聰明」的誤導，反之便是「晚開始說話的小孩八成不聰明」，尤有甚之便是「智能有問題」了，這叫爸媽怎能不緊張呢？

時常在街上看到人們懷抱著寵物，是不是除了外型不同，活脫像是抱著個小嬰兒似地？在孩子還不會說話時，我常笑說跟養貓貓狗狗等寵物差不多——費盡心思餵他吃，幫他洗澡，看他可

最近爸爸媽媽好奇怪喔！老是湊到我面前，叫我看著他們，然後嘰哩咕嚕一大堆，還叫我要學他們一樣，他們說這叫「說話」——我知道呀！大人們還有哥哥姊姊們不是一天到晚嘰嘰喳喳，說來說去嗎？我知道他們在說話，我也多半聽得懂啊！我也有跟我的朋友們說話，像跟熊寶寶、洋娃娃，還有路上看到的狗狗，我們都會說話喔！我也會跟爸爸媽媽說話，可是他們為什麼都說「聽不懂、聽不懂」？說話一定要像他們一樣嗎？為什麼他們不會講我這種話呢？……好多好多的為什麼，說話真是一件奇怪的事。——喔喔，爸爸又把我轉過去，叫我看著他的嘴巴，八成又要教我「說話」了！

愛的模樣會抱在懷中疼，但也得教教他規矩，他也似乎懂得你的心思，只是……他不會說話！再怎樣也就只能以這些方式互動。直到小孩會說話了，似乎才真的成「人」了，他不只表現出，也能告訴你，「他」在做什麼、在想什麼，多麼有趣！的確，如果沒有了言語的交流，人與人之間會多麼乏味呢！試著把電視的音量關掉，純「看」電視，你便能體會語言有多重要了！也因此，父母們對於孩子語言進展上的殷切期待與關注，也是人之常情。但這其中難免有些誤解，就像前面提到的，說話是不是與智力相等？有時候這兩者間的確有某種程度上的關聯，但因果關係應該是「因為智能方面的障礙而影響到語言的發展」，反之則不盡然。所以會不會說話「可能是」智能方面障礙的一種形態，但絕不會變成「一定是」智能有問題的代名詞。因此，無論是對自己或他人的孩子，請千萬不要抱持這種謬論，以免造成無謂的傷害。

其次，最常有的誤解，便是認為不會說話如果不是腦袋有問題，那一定是發音器官有問題。實際上，我們只要舉海倫凱勒為例，這位一向被認為是兼具聾、啞、盲三種不幸的女孩，在充滿愛心的家教老師教導下竟然可以開口說話，這便是因為大家理所當然地認為她的啞是天生的，而忽略了其實她是因為盲聾而封閉了所有對發音認知的管道，導致根本「不知道」怎樣去開口說話。如果你留心觀察，會發現語言的學習中，「聽」及「模仿」扮演著很重要的角色，因此即使是教鸚鵡學話，大多也是以重複的方式讓牠熟悉，進而模仿所教的語音。此外，在語言教學上，絕大部分會採用錄音帶等聽覺媒體重複刺激也是相同作用。所以不會說話，除了要確定發音器官有無功能性障礙，可能更需確定聽覺功能的正常與否。

由此，對遲遲不肯開金口的小寶貝，爸爸媽媽們首先便要**確定小孩不說話的原因**所在。如果是已知的、顯而易見的原因，像出生時已發現的缺陷，如腦性麻痺、唐氏症或其他造成腦部傷害的意外等，可能在他的語言發展上會造成既有的障礙。除了腦部以外，聽覺及發音器官的構造，也可能導致語言發展的問題，而這些應該都在照顧者日常的觀察中可以發現。例如聽覺是早於視覺及說話等，早在新生兒時功能即發展得差不多，因此如果到了半歲，小寶寶還無法回應你口語上的逗弄，或無法對聲音來源做出正確的判斷時，就應該馬上做進一步的診查。所以，不要認為寶寶安安靜靜的好乖，或許他的世界根本就是無聲的呢！

其次，**對於「不會說話」的定義要有所澄清**，一般大人們多以自己聽不懂便稱孩子不會說話，其實是不正確的。孩子幾個月時便會不時發出依依啊啊的聲音，到一歲前後多半會說些單字，發展較快的甚至會說句子。但是有些父母會誤以為只會說單字仍不叫會說話，或是不會叫爸爸媽媽，只會說貓咪狗狗也不算。實際上，一般孩子都要到兩歲左右才能較完整地運用字彙，很多父母們會發現孩子在兩歲多時，「突然」變得很會講話。在這之前，他們其實也會說話，只是多半是片段不完整的，因此只要是在兩歲前能具體說出具有特定意義語彙的孩子，父母就不必太擔心。他的發音也許並不標準，但他每次都用同樣的發音稱呼特定的對象，像是看到貓，有的孩子稱他「喵」，有的會說「貓咪」，而車子則會說「車車」或「ㄅㄨㄅㄨ」，這都無妨。但是每次看

到貓或車子，他的稱呼都是一樣的，而且明確知道他所稱呼的對象是誰，那麼親愛的爸媽們便可以放心了，小寶貝的腦袋瓜沒問題，耳朵和嘴巴也沒問題，就算他只會說「狗狗」和「車車」而不叫你「ㄅㄚˇㄅㄚˊ」，也不必急著幫他戴上「不會說話」的帽子。

對於較大的孩子，父母較會意識到他們是獨立的個體，因此會注意到**不要以比較來評斷孩子的發展**，實際上對於嬰幼兒，也適用同樣的原則。每個小孩的發展都有先後——有的說話早、有的走路早、有的長得高、有的長得壯——說話也是一樣，不必跟外人比，也不必在自家人之間比，很會說話的姊姊，弟弟多半比較沉默——都被她說光了嘛！每個孩子是不同的個體，這在胚胎孕育時便已形成了，而不是到長大了才不同。因此即使對小嬰兒，也應該尊重他既有的獨特性，而不要以哥哥姊姊或他人的框架套在他身上加以衡量。

對於說話、走路，許多「過來人」父母八成都有同樣的矛盾：「不會走路前，成天抱得好累，巴不得他早些自己走。會走路以後更累，成天追著跑！」「會說話以後，聽他童言童語的好有趣，有時候亂講一通實在很爆笑，可是……有時候真的覺得好吵哦！」所以，不是不說話，一旦發作可叫你受不了呢！親愛的爸媽們，別緊張嘛！

當然父母們即使確定孩子不是不會講話，難免還是希望寶寶快點會講話，積極的方法便是多跟他說話。語言的學習方式中，**重複刺激**是一個基本的方法。不要認為孩子還不會講話，就不需要多跟他說些什麼，反正他也聽不懂，這可就錯了！實際上許多

爸媽會說：「我講什麼他都聽得懂，可是他就是不會開口說。」的確，寶寶早就會聽，在聽的同時貯存了許多字彙，以備日後運用。因此，為了有效增加他字彙庫的記憶體，周圍的人要**時常跟小寶寶說話，而且是說有意義的話**，像是指著東西告訴他物品的名稱等，避免以寶寶的兒語去回應他，學他一樣嗯嗯啊啊的或嘟嘟囔囔的，這對寶寶而言都是無意義的，他也無法從中學到任何有助於說話的技巧。因此，不要吝於跟寶寶說話，而且要記得，多跟他說有意義的話喔！

最後，**耐心與愛心**是最重要的，縱然你有多麼急切地想聽到寶寶跟你說話，也千萬不要去苛求或責備他。當你說「這麼笨，這麼大了還不會說話」時，他是無法反駁，也無法「告訴」你他的感受。但是如同任何「人」一樣，他的內心仍會受到傷害，也許因此累積的負面情緒更抑制了他的進展，這不是適得其反嗎？用積極的讚美與鼓勵去嘉獎他的進展——「哇！好棒喔，寶寶會說狗狗耶，再說一次！」小寶寶也會因此很有成就感喔！

「人為什麼會說話？為什麼中國人、美國人、歐洲人……那麼多不同民族說的話都不一樣？為什麼……」說話是多麼奧妙的事啊！由你的寶寶身上，可以親眼看到這麼一件奧妙的事件發生，而且你可以是令它變得更奧妙的原動力喔！所以，好好體驗這個美好有趣的過程，仔細發掘其中的樂趣，不要急。等到孩子口若懸河時，你可是再也無法令時光倒流，回到他可愛的兒語期囉！

我愛黏巴達

「鈴！鈴！」電話聲在寂靜的午後特別響亮——「糟了，小寶……」——正在上廁所的媽媽緊張地趕忙準備起身！「哇！媽媽，媽媽……」，小寶果然被吵醒了，馬上哭得呼天搶地，「來了，來了！」媽媽十萬火急地趕忙「善後」。好不容易趕到小寶床邊，小傢伙已經臉紅脖子粗，哭得上氣不接下氣，小手小腳不停舞著，抱起來後馬上像小無尾熊似地纏在媽媽身上，「唉，這下可好，少說得再耗上個把小時！晚上八成也不用做別的事了！」果不其然，真如媽媽所料，小寶就像口香糖似地黏在媽媽身上，後半段的午睡是疊在媽媽身上睡的。即使晚上爸爸回家，也拔不下這隻無尾熊，只要媽媽一離開，小寶就開始哭，連媽媽洗澡也是隔著門，聽著小寶的哭聲，像打仗似地洗了一場戰鬥澡！好不容易小寶終於睡了，媽媽才能輕手輕腳地解脫仍箍在身上的小手，「恢復自由」，「唉！小寶這樣也不是辦法，成天像個橡皮糖似地黏著妳，以後怎麼出去跟人家玩？」爸爸忍不住開了口，「我也不希望這樣啊！這樣成天做不了事也很痛苦。可是只要我不在身邊，他就又哭又鬧的，真不知道該怎麼辦！」正在說著，兩夫妻突然不約而同地住了口，盯著電視——畫面上正在跳著——黏巴達！

你家的小寶貝是吃「中興米」的──有點黏又不會太黏，還是最愛跳「黏巴達」？有的小孩像陀螺一樣，成天轉個不停，抱上手都硬要扭到你放他下來，有的卻是怎麼拔都要黏在你身上。固然每個孩子都是父母「甜蜜的負擔」，但這樣成天的甜蜜，還真是個受不了的負擔呢！小孩不是都應該好奇、好玩嗎？怎麼剛好就碰上了這麼一個死纏賴打跟定你的呢？

媽媽？媽媽？媽媽又不見了……媽媽，哇！──太好了，媽媽跑出來了，媽媽沒有不見了！我一定要讓她一直抱著，不然她又會不見了。可是媽媽有時候會很生氣，說我不能一直這樣黏著她，叫我去找爸爸、阿姨，或者去玩玩具。我也喜歡爸爸，我也喜歡玩玩具，可是我還是要媽媽在旁邊啊！媽媽說她要做事情，為什麼要做事情？做什麼事情呢，是不是像我一樣去玩玩具？抱著我也可以做事情呀，大人真是奇怪！雖然每天會有不同的人在我身邊出現，但是我最熟悉的就是媽媽，她會抱我、餵我吃東西、陪我玩……其他的人都跑來跑去，只有媽媽最常在我旁邊，我可不能讓她像別人一樣亂跑，她不見了我怎麼辦？有時候明明我們一起在睡覺，怎麼我醒過來她就不見了，我一哭她又會跑出來，所以我一定要讓她一直抱著，我要一直看到她，這樣她就不會不見了──對！就是這樣，我玩玩具或給爸爸抱抱時，她還是一定要在旁邊，只要媽媽在，一切都會好好的，所以我一定要把她看好！咦，媽媽呢？媽媽──哇！

剛出生到六個月左右的小嬰兒，雖然會熟悉照顧者的味道，但還不會執著於非此人不可。但半歲以後到一、兩歲間的娃兒，會開始憑藉環境中熟悉的人事物來建立安全感，因此你會發現，每到一個新環境時，他會骨碌碌地轉著眼睛好奇朝四處打量，生面孔出現時，他可能會瞪著對方的臉，當他無法在小腦袋瓜中找到相符合的印象時，八成就會扁嘴，開始哭了。但是這個階段的黏人又與兩、三歲之後常見的「分離焦慮」有所區別，此時的寶寶只是單純地透過所黏的對象，擴大肯定環境中事物的安定性，進而確認內在的安全感。這種現象最大的導因便是嬰幼兒尚未有物體恆存的概念，東西不在眼前就是不見了，人也是一樣。他們不會想到有什麼躲起來、藏起來等的「暫時性」消失，當然更不用說會瞭解什麼物質不滅、物體恆存的無聊說法。有的小孩對這種現象大而化之，不見了就算了，跑出來就算數；但有的小孩比較敏感，會執著於這種他不能理解、也不能接受的現象中，因此在他認知的範圍內——「黏著他」就是保證他不會不見的最好方法。還好這種現象可長可短，總是一陣子便會淡化，否則被黏上的人可真是要窒息了。

那麼對於這種黏巴達寶寶，有沒有什麼方法讓他多少進步為中興米寶寶，有點黏又不會太黏呢？我們還是可以試試一些方法。首先，如果你是典型的黏巴達工廠：全職媽媽單獨帶唯一的寶寶，這種情形造就黏寶寶的機率相對增高，因為每天大多是「你泥中有我、我泥中有你」。因此，**要積極地讓寶寶開闊視野**，讓他知道世界不僅止於放眼所及的家中或房間，還有「別人」、「別的地方」……。所以媽媽可以在午睡後推著他到公園

看小朋友玩，鼓勵小朋友來看看、摸摸寶寶，或把他抱下來盪盪鞦韆，讓他看看「外面的」世界。也可以請一些年齡相近的小孩與媽媽到彼此的家中，即使這時期的小孩還不會一起玩，但他們可以建立除了你、我，還有一個「他」的外界觀念。

黏巴達寶寶大多尚無法體認物體恆存現象，卻又執著於其中，因此爸爸媽媽平時可與寶寶玩些遊戲，**幫助他認知物體恆存的概念**。譬如用小手帕蓋住一件他心愛的玩具，教他自己用手把手帕掀開——「哇！熊熊又跑出來了，你看，熊熊只是被手帕蓋住了，熊熊不會不見了！」——在過程中以言語補助強化，效果會更好。以此原則出發，媽媽可以和寶寶玩玩捉迷藏。當然不是叫你東奔西跑地躲到櫃子裡，而是讓寶寶坐在床上，媽媽蹲在床邊或在門邊，把頭探出來讓寶寶看到，之後問「媽媽呢？」蹲下身讓他看不到，再起身「哇！媽媽跑出來了，媽媽沒有不見喔！」讓孩子習慣於「東西還是會在」的概念。

碰上黏巴達寶寶，最怕的是大人全面投降，完全順應他的要求，如此真的只能你儂我儂，成天黏在一起了。**爸媽要擔任引導者的角色**，才能彼此脫離這種牽制。寶寶黏在身上拔不下來時，可以先抱一下子安撫情緒，再設法以玩具等轉移他的注意力。至少讓他可以先不纏在身上，陪他坐下來玩一陣子，等他情緒穩定時，看情況製造「抽身」的機會——「媽媽去倒個水」、「媽媽再去幫你拿個玩具」……讓他可以接受這麼一下下的分開。引導他玩不同的遊戲，找出寶寶最有興趣的物件或玩法——是拼圖、小車車還是絨毛娃娃？讓孩子的注意力不再只停在你身上，才能繼續進一步的訓練。

在孩子能接受你這種「一下子」的走開後，可以**適時訓練他單獨玩**，訓練的原則是由看得到→看不到，短時間→長時間，而應用的最大法寶是跟他說話。陪他玩了一陣子後可以告訴寶寶：「媽媽去幫小寶洗奶瓶，不然瓶瓶髒髒的，等一下怎麼喝牛奶呢？」──記住要以替他做事的口氣出發，寶寶較易接受。只要他沒有起身哭鬧，便視為認可，不要猶豫，即時起身，稍有遲疑可能他便意識到該跟著你了。但一開始最好在他看得見的範圍內做事，其間要**適時地給寶寶語言的回應**：「媽媽快洗好了，小寶好乖，都沒有吵。」漸漸地，就可以嘗試離開他的視線：「媽媽現在在房間收東西。」還是記得跟他說話哦！起初由五分鐘、甚至一兩分鐘的暫時分開，慢慢延長到十分鐘……，你會發現：孩子已經可以由黏巴達變為中興米了。但並不是這十分鐘你便可以自由地撇開他，記得要不時以言語招呼他，中間要探個頭看看他，一方面加以鼓勵，一方面也預防孩子在玩的過程中有所閃失或意外。

無論是多小的孩子，永遠不要認為他們不懂事或附屬於你，因此要有所動作時，記得告訴他你的動向，我們大人都會討厭別人的不告而別，何況是小小孩呢？即使你只是繞到陽台上，記得說一聲，而且千萬言而有信，「一下下就過來」不要變成十分鐘，「馬上」卻半天不見人影，孩子由你的語辭中建立對你的信任，便能接受你的說法，從而建立對環境的安全感，而能「放心」長大。

黏巴達舞曲總有奏完的時候，無尾熊也得慢慢等牠由樹上下來──別急於將寶寶從身上扯下來，當他長大到連中興米都不是，每天往外跑時，也許你會懷念這段黏答答的時光呢！

家有野獸

「噢！」正在寶寶床邊摺衣服的媽媽突然摸著頭，叫了一聲。「怎麼啦？」爸爸探頭問道，「沒事，寶寶又拿玩具敲我的頭。」「又來了，寶寶，不可以打媽媽。」爸爸說著，隨手將手上的報紙捲成棒狀，捉著寶寶的手打了兩下手心。看著爸爸一臉嚴肅，本來嘻嘻哈哈的寶寶意識到事情不妙，不禁開始扁著嘴，一臉委屈地啜泣起來，「好啦好啦！噯，你是在做什麼，孩子還小又不懂。寶寶不哭了，下次不要再這樣，爸爸就不會生氣了。」媽媽一邊責怪爸爸，一邊轉身安撫寶寶，「他最近老是這樣愛打人，一次不懂，兩次不懂，這麼多次明明就是故意的。妳不好好教他，以後他就隨便亂打別人。妳總是說他還小，就是要從小好好糾正，不然長大就改不過來了。」爸爸一邊嘀咕著一邊走回客廳。「好了，寶寶不哭了，你看衣服都濕了，來，媽媽幫你換一件。」一邊替寶寶換衣服，媽媽也不由得嘀咕起來，「說的也是，這陣子寶寶怎麼變得這麼野，動不動就拿東西敲人、打人，人家喊痛他竟然還笑。可是上次問醫生，他又說一陣子就會好，難道每個小孩都這樣？還是……寶寶會不會有暴力傾向？噯，真想不通是怎麼回事！」

許多家長在孩子一歲左右，會開始擔心小寶寶怎麼變成人性本惡，獸性大發，喜歡敲頭、打人、故意把東西丟掉……尤有甚之的是小鬼頭一犯再犯，而且似乎樂在其中。幫他把弄掉的東西撿起來，他馬上再丟下去，撫著被他打疼的地方叫出聲，他竟然嘰咕嘰咕地笑得樂不可支，時常令爸爸媽媽面面相

我知道爸爸一定會罵罵，可是我還是忍不住……「噢！」媽媽真的叫了一聲，好好玩喔！「寶寶，不可以打媽媽！」媽媽有一點點生氣：「媽媽會痛痛，你再打媽媽，爸爸也要打你了。」——爸爸可是不只一點點生氣喔！真奇怪，這樣有什麼好生氣？我只是拿玩具敲敲媽媽的頭，每次她發出叫聲，然後臉上變得怪怪的，我就覺得好好玩。但是每次大人都說不可以這樣，這樣會痛痛——不會啊，我不會痛痛啊，大人也只不過是痛一下就沒事了嘛！這種玩法真的很有趣耶！以前都是大人逗我，現在我也可以逗逗他們——我把東西丟下去，他們就會撿，我再丟下去，他們又會再去撿。而且東西掉下去會有聲音，大人每次撿的時候，臉上表情也不一樣，敲他們頭或打他們時，每個人也都會有不同的反應，這些都好好玩喔！但是大人們好像都不覺得好玩，他們一開始還會小小聲、笑笑地說：「不可以再丟了喔！」「阿姨會痛痛喔！」然後就一次比一次大聲地說：「不可以！」「我要生氣了！」可是他們生氣的樣子還是很有趣，所以我就想再跟他們玩一次，再一次就好了嘛——「噢！」——哇，又成功了！

覷，懷疑自己是不是養了隻野蠻動物。而父母也經常為此起爭執，較溫和的一方總會以「不懂事、不是故意的」為孩子脫罪，較嚴肅的一方則會以「不教會變本加厲、年紀小不是藉口」等論點，主張嚴教勤管。到底小鬼頭是印證了「不是故意的」人性本善，還是「不教會變本加厲」的本惡呢？

對這個時期的孩子而言，「有反應」是他們會樂此不疲地玩「你丟我撿」、「敲三下」等爸媽視為野蠻行為的原動力。就像許多嬰兒期玩具會以「按了會有聲音」為誘因一樣，「打了會有反應」就是令他們覺得好玩的原因，因此要先請父母息怒，孩子真的不是天生壞胚子或有暴力傾向。打人對尚一知半解的娃兒們多半只是遊戲的一種，就像敲了鐵琴會有聲音，拿石頭丟狗牠會叫一樣。當然並非所有的孩子都會有此驚人之舉，有的孩子一直都是乖寶寶，只有被打的份，絕不可能是兇手。一般而言，好奇、活動力強的孩子多半會在一歲左右變成小搗蛋。一方面會走路增強了他的探索力，再方面小娃兒想深入試探「我」能做些什麼，連帶的「他」會有什麼反應。因此，早在七、八個月大時，他可能便開始與你玩起「你丟我撿」的遊戲，一方面觀察物體掉落的過程，一方面可以看到「人」的反應。東西掉下去可能發出各種不同的聲音，也可能破掉、變形。人呢？大多會幫忙撿，還可能生氣，也可能跟他一起玩……，比起玩具每次都是一樣的反應，人的變化豈不是更好玩？難怪孩子會喜歡玩起以人為對象的敲敲打打，甚至抓抓咬咬的遊戲。除了君子動「口」外，小人還很擅長動手，敲頭打人已經不稀奇，抓小辮子才算高級動作。兒子對於跟他一樣活蹦亂跳的妹妹，雖然勉強滿足了當哥哥的心願，但

總是唸著弟弟比妹妹好。一次到小表弟家吃飯回家後問他：「你覺得有弟弟怎麼樣？」他馬上退避三舍地說：「我不是要這種弟弟。」原來弟弟太喜歡他了，在哥哥靠近時，迅雷不及掩耳地一把揪住他的頭髮，把他拖過去，後來是媽媽奮力一隻隻扳開揪得緊緊的小手，才把痛得脖子都直了的哥哥從魔掌中解救出來。當然囉，小傢伙仍是笑咪咪的，因為他根本一點也不痛哇！

雖然大人多半能夠、也願意相信小寶貝不是故意的，但對於這些野蠻行徑，總不可能視若無睹地隨他去。但礙於他還不懂處罰的真意，也不可能對小動物嚴刑峻罰，那麼到底該怎麼「馴獸」呢？切記把握以其人之道反治其人之身的重要原則。既然小寶貝喜歡有反應，那麼**「沒反應」便會令他覺得無趣**。東西掉了幫他撿起來時，不必刻意提醒他：「不要再弄掉了喔！」被敲被打甚至被揪住頭髮時，當然不能勉強當超人，但基於「愈有反應愈有趣」的模擬心態，不必因此大發脾氣或刻意指正，或是假哭著：「你看媽媽好痛，嗚……」因為你的任何反應都只歸納為一種——有反應！如此便足以醞釀下一次的野獸派。因此你雖難免仍會「噢！」地叫出聲來，也會下意識的摸摸受害的部位，或還是忍不住會對兇手唸一句：「好痛耶！」但是這樣就好，這樣就好！能夠的話若無其事地摸摸頭告訴他：「不好玩！」然後走開——多意外啊！預期會大叫大嚷、又跳又蹦的通通都沒有，小搗蛋也許會不死心，再試一次。但頂多三次一定不會再犯——好無趣喔！

當然還是會有玉不琢不成器的擁護者主張不可姑息養奸，一定要教小毛頭不可輕舉妄動。因此最常見的除了口頭告誡之

外，許多爸爸媽媽在小傢伙出手行兇後會以其人之道還治其人之身，打人的便打回去，敲頭的也敲回去，意在讓小寶寶自己感受到造成的後果，知道自己被打被敲時也會痛，但效果往往有限。原因便在於還治其人時總是警告意味居多，因此不可能真的狠下心來真打真敲，小傢伙因此不會感覺到受害者所謂的「痛痛」，而且有時候小寶貝要的就是爸媽「有反應」，但這種說法並不是要慫恿父母們來真的，好好地讓他得到教訓。相反地，就像大人世界裡也不是以相同手法懲戒犯案者一樣，我們可以**解除其犯案工具，剝奪其應享權利**等以德報怨的方式顯現大人們寬大為懷的胸襟。因此，將他敲人的物品拿走，告訴他「敲人就不可以玩了。」若小寶寶因此哭鬧，可以告誡他「再敲人就收起來囉！」真的再犯便要徹底執行。當然出手打人時無法解除「武器」，但可以剝奪權利或福利，像是被罰一餐不可以吃最喜歡的點心、一天不可以抱最心愛的熊寶寶等。但是可別矯枉過正，罰他一天不能吃飯，把寶寶給餓昏了。總之，要**以不傷害其身心，又可收警戒之效的方式**為上。

「**預防勝於治療**」，與其事後警告、懲戒，避免獸性大發還是可以事先防備。意識到小寶貝開始有此類症狀時，可以先消極地避免提供兇器，將他曾經、或可能用來打人的道具先收起來，有客人或小朋友來時，也可以先溫和地告知：「他最近有些愛打人，但不是故意的。」也許你可以坐在他對面，在有犯案意圖之前便先行勸阻。而在積極面上，可以講些故事給寶寶聽，當然內容一定要編進個愛打人的角色，藉以教化子民嘛！

就像小時候會晝夜顛倒一樣，小寶寶動手打人往往也是暫時的，一陣子便會恢復為小天使。因此，父母親大人不必太驚天動地，與其對他又打又罵，鬧得雞犬不寧，不如不予回應，再加上消極避之、積極勸之的軟硬兼施，相信一段時間後便不必再高唱「有怪獸、有怪獸、纏著我，有怪獸……」。

飯飯速體健

「來，小寶，吃一口」，媽媽耐心地哄著坐在娃娃餐椅上的寶寶，只是寶寶仍拚命搖著小手，一邊不斷指著桌邊的奶粉喊著「ㄋㄟㄋㄟ，ㄋㄟㄋㄟ。」「不喝ㄋㄟㄋㄟ了，寶寶長大了，要跟爸爸媽媽一樣吃飯飯囉！」「飯飯 No No，喝ㄋㄟㄋㄟ。」寶寶說著說著開始哭了起來。「好啦，就先泡個牛奶給他喝了吧！下一餐再說了，妳看弄了一桌他也沒吃兩口。」一旁的爸爸忍不住開口了，「唉，我也是為他好啊！人家說一歲了就該斷奶，跟著大人一起吃飯，營養才會均衡，也可以訓練牙齒的咀嚼能力。」「當然這樣是最好，但是也不必一定要強迫他嘛，他才剛滿週歲啊，過一陣子再說吧！」一方面不想再與爸爸爭辯，一方面也是折騰得累了，媽媽還是起身去泡牛奶，「來，寶寶喝ㄋㄟㄋㄟ了。」「瓶瓶喝，瓶瓶喝。」寶寶還是不依。「怎麼了，不是要喝ㄋㄟㄋㄟ了嗎？」爸爸好奇地探過頭來，「是啊，可是他一定要用奶瓶，不肯用杯子喝。」看著一臉堅持的媽媽，還有一旁餓得哇哇大哭的寶寶，爸爸不禁又好氣又好笑地說道：「哎喲，我親愛的老婆，妳是要叫小寶一夕之間就長大成人嗎？一下子要他不能喝牛奶只能吃飯，一下子又要他不能再用奶瓶，他不過才一歲啊！」

「滿一歲」對許多父母來說，是一個重要的里程碑，感覺上似乎孩子「該長大了」──他會走路、會講話，已經人模人樣了嘛！可是另一方面，他走路還不太穩，講話還不太清楚，又分明還是個娃娃樣。在這樣的矛盾中，爸媽對孩子的態度有時也會陷入「不知如何是好」的反覆中。像是在生活常規的管教上，父母可能有時會要求寶寶應該要「守規矩」，有時卻又難免自責不該太嚴格要求小寶寶。而在吃的方面，最常見的困擾便是「斷奶」。由新生兒時完全以奶粉為主食，到四、五個月時開始添加副食品，一歲時的寶寶多半已是雜食動物，大部分大人吃的食物他可以吃，但同時也還是會喝牛奶，只是主副有別。有的寶寶已經跟著家人吃正餐，牛奶只是補充，但也有寶寶仍以喝奶為主食，大人的食物只是點心。無論原有的進食型態為何，滿一歲總會讓父母開始很認真地考慮「寶寶該斷奶了」！

爸媽對斷奶的認定通常有兩種：一種是將牛奶由主食改為副食，另一種則是指戒掉用奶瓶喝奶。只是如果以一歲為準，要達成其中一項都可能需耗費時日，因此如果要兩種並進，快火猛攻，恐怕通常都會鬧得雞飛狗跳，大人小孩兩敗俱傷。相對於主張斷奶者，也有父母對斷奶不以為然，認為牛奶喝得愈多愈好，甚至到了孩子三、四歲了，也還是多喝奶、少吃飯，因為用喝的快，不必咬也不會弄得一桌狼藉，孩子照樣長得白白胖胖，有什麼不好？那麼到底斷奶有沒有必要？

其實斷奶的時機頗有個別差異，一歲只是個參考年齡，還需其他條件的配合，像是寶寶的牙齒生長狀況、腸胃好不好等。即使以正餐為主食，一歲的寶寶還是會搭配牛奶，因為畢竟牛奶仍

肚子又餓了，媽媽幫我泡ㄋㄟㄋㄟ。咦，媽媽要抱我去哪裡？噢，又要玩吃飯飯的遊戲了。這一陣子好奇怪，肚子餓了媽媽都不讓我喝ㄋㄟㄋㄟ，一定要叫我去吃飯飯。我也喜歡吃飯飯啊，媽媽說我長大了，所以我有吃稀飯，還會吃布丁、蛋蛋、麵包、水果……好多好多大人吃的東西，都很好吃，也很好玩。可是大人有時候會大聲說「不要再玩了，趕快吃」，吃飯飯不能玩有什麼意思？而且為什麼一定要吃飯飯，不能喝ㄋㄟㄋㄟ？這樣才叫長大嗎？有時候我玩得爸爸受不了了，他就會叫媽媽：「給他喝奶啦，玩得滿身還吃不到半碗，都半小時了。」我也喜歡躺在我的小床，抱著瓶瓶，跟我的狗狗、熊熊一起慢慢地喝ㄋㄟㄋㄟ呀！這樣好舒服、好舒服喔！可是媽媽又要我用杯杯，不能用瓶瓶，我好累，我想躺躺，我也好餓，我不要長大，我要喝ㄋㄟㄋㄟ，我要用瓶瓶喝ㄋㄟㄋㄟ——哇！

是公認營養豐富，有助生長的最佳食品。而其他大人的食物，則是一方面可提供較均衡的營養，一方面訓練寶寶咀嚼的能力。爸媽們也許會好奇，一歲時頂多長幾顆牙，能咬得動什麼？放心，寶寶的牙其實都已在牙床蓄勢待發，只是還沒全冒出來而已。不信的話伸隻手指頭到他嘴裡，保證痛得你哇哇大叫！

既然斷奶是必然也是有利於寶寶的過程，那麼要如何達成呢？爸媽們首先要**衡量寶寶的個別狀況**。女兒滿四個月準時厭奶，因此便開始吃稀飯，喝牛奶變成早、晚和午睡前三次。一歲

開始喝鮮奶沒任何不適應，便很順利地跟著大人吃午、晚餐。但是妹妹的女兒則不然，滿三歲了仍只有午餐跟著大人吃，晚餐前一瓶牛奶，菜肉飯則用來配牛奶。睡前又一瓶奶，加上醒著期間不定時來瓶優酪乳，真是名符其實的奶娃娃！因此，在考量寶寶斷奶的時機，爸媽們可能要跳脫自己的主觀認定，而以寶寶本身為出發點。也許孩子願意吃正餐，咬得動也排便正常、發育良好，可是長輩們嫌孩子上桌沒規矩或父母沒耐性在旁引導，便可能落得「郎有意而娘不准」——孩子興致勃勃地爬上桌要好好吃一頓，爸媽卻塞上一瓶奶以求盡快了事。相反地，也有些娃娃不想、不願也不能吃大人食物，咬不動吞不下又排不出，父母卻堅持要孩子「超速」長大，因為這樣出門才不必拎一堆奶瓶奶粉。

其實就算孩子可以吃正餐，多半還是需要特別準備，像是飯要煮軟一點或煮成稀飯，菜要剁細碎些，肉也是要軟而小塊，並不是馬上就能叫孩子對大人食物照單全收。而為了**讓寶寶樂於進食**，可能在食物的外觀、顏色上還得費心搭配，而且份量不可太多，讓寶寶能順利完成任務。當然一開始寶寶可能無法全部吃完，因此餐後仍可以再補充牛奶，或者以大人們的湯代替。只是要切記撈掉浮油並過濾殘渣，並且最好調味不要太重。營養的湯好喝又易吸收，用湯匙慢慢餵食也有助於戒掉奶瓶，別忘了喝完牛奶或湯，仍給寶寶喝個水漱漱口喔！

其次，在習慣的養成上，爸媽要**態度一致且持之以恆**。既然決定要將牛奶改為副食，就要定時為孩子準備正餐，並且在固定時間一起用餐，不足才喝牛奶。避免三天打漁兩天曬網，心血來潮便準備滿桌美食佳餚，累了忙了便丟個麵包或仍舊塞瓶牛奶，

弄得孩子無所適從。在每日生活常規的循環中，孩子自然會在聽到：「吃飯了」時，自動前來報到。當然隨著食物的多樣化，爸媽對寶寶**口腔的清潔**更需費心，一歲的寶寶早該刷牙了，同時要注意牙縫間是否殘留食物。而排便狀況也需注意，以**確定寶寶對食物的適應情況**。

依據由軟而硬，由少而多的原則，寶寶可由吃稀飯慢慢進展到乾飯，由吃一餐到午、晚兩餐漸進式的斷奶，會令寶寶較無壓力，腸胃也較能適應。隨著食物的複雜增量，再逐漸將奶粉改為鮮奶等，寶寶便可以宣告成「人」了。只是這期間可長可短，爸媽可得有耐心喔！

至於戒掉奶瓶，爸媽可以不必如臨大敵般務求除之而後快，畢竟孩子還是個娃娃，抱奶瓶對他而言可是個莫大的慰藉呢！尤其是在一大早醒來時，大人尚且會賴床，何況要個小娃兒一睜開眼就得爬起來正襟危坐地吃早餐。因此，如果寶寶吃正餐吃得正常，只不過早晚抱個奶瓶享受一下，父母親大人就高抬貴手、大人不計「小人」過，讓寶寶就這麼兩次恢復奶瓶娃娃的本色吧！當然囉！其他時間給他個造型可愛的杯子，讓他喝水、喝果汁，即使灑出來也別忘了稱讚他：「好棒喔，寶寶長大了，會用杯杯喝水耶！」相信他會很樂意配合的。吃正餐時，也可以給他個摔不破的小碗喝湯，一次不要盛太多，除了用湯匙外，也可以教他如何將碗捧起來喝。圍個圍兜，衣服濕了就換掉，假以時日，會用碗、用杯子的寶寶，一定會信心滿滿地說：「用杯杯喝ㄋㄟㄋㄟ」喲！

斷奶是早晚的事，但**斷得早不如斷得好**。當寶寶開始對大人食物感興趣時，便可適時引導他進食，配合他的需求循序漸進。無論是何種型態、內容的組合，孩子的成長是最好的指標。即便孩子已能完全配合大人的飲食型態，爸媽仍能與寶寶一起「乾一杯」——大人小孩都喝杯牛奶，有助健康喔！

好夢由來最易醒

「噓……！」聽到爸爸開門回家的聲音，媽媽像隻貓般從房間跳出來，將手指放在嘴上，瞪大眼睛叫爸爸小聲、小聲！爸爸獲得指示，輕手輕腳地小心翼翼把門關上後，夫妻倆一起躡手躡腳地進到小寶貝的房間——幸好！沒把小天使吵醒，否則又不曉得要折騰多久。看著小寶貝可愛的睡相，爸爸媽媽交換了一個會心的微笑，這時小毛頭突然翻了個身，爸媽的笑容瞬間凝結，只見寶寶口中嘟囔了兩聲，又沉沉睡去，爸媽這才鬆了口氣，兩人相偕躡到客廳坐下：「哄了快一個小時才睡著，我都快被他哄睡了！」媽媽趕緊做戰況簡介，「我打電話回來打不通，就猜八成是妳在哄他睡覺，把電話拿起來了。」「真搞不懂他怎麼這麼精力旺盛，看他玩了大半天應該很累了，還是得哄個半天，好不容易睡著了，可別有個什麼聲響，否則一被吵醒，就算只睡了十分鐘，他又可以撐上半天，電池充電也沒這麼快！」媽媽忍不住跟爸爸訴說。這時「叮咚！」——電鈴響了，「完了，完了！」爸媽不約而同地哭喪著臉，果然，「媽媽！」一切前功盡棄，小天使醒了，又要變成混世魔王，爸媽們，準備接招吧！

滿一歲左右寶寶的父母多半有「被小孩哄睡」的經驗——明明看他已經夠累了，睡不到十分鐘，一不小心有個聲音讓他醒過來，又可以玩上大半天。就像電視上的電池廣告，周遭的大人都已經沒電了，小鬼頭仍是那隻碩果僅存、活蹦亂跳的小兔子！到底是寶貝的精力太過旺盛，還是大人們體力不足？其實都不盡然。這時期父母大多會懷疑是不是養到「過動兒」，為什麼總是沒片刻安寧？有朝一日碰上有相近年齡子女的父母時才會發現，別人家的孩子也是小跳豆。在稍得安慰「不是我們家的有問題」之餘，爸媽們難免納悶「怎樣能讓小寶貝多安靜一會兒？」

看到電視上奶粉廣告中，一歲寶寶一小時的活動紀錄，最後小寶寶累垮一票大人時，父母都能心領神會曾有過的甜蜜慘烈歲月。就像漫畫中穿著睡衣的小毛頭得意地從臥房出來，告訴正在看報紙的爸爸：「我又把媽媽哄睡了！」兒子一歲多時，我也曾多次被「哄睡了」，因此常在半夜兩三點，睡了一場先生所謂的「美容覺」後，才爬起來補洗澡。有一次在哄兒子睡午覺時，又「不小心」先睡著了，瞇了一下後發覺不對，房間鋪的安全地毯怎麼從藍色變成白的？原來兒子把一包抽取式衛生紙全部抽出來撒了滿地，真是讓我哭笑不得。只好拿個大塑膠袋把衛生紙通通丟進去，不過這樣拿衛生紙時還挺像在摸獎！在面對寶貝一而再、再而三地「哄你千遍也不入睡」時，恐怕許多父母都要失了耐性與幽默感。有的可能開始語帶威嚇，有的則可能放牛吃草，等他累了再說吧！因此，每到睡眠時間可能就得演出「全武行」：「再不睡覺就 ×××」「再不睡就 ×××」。而忍功較好的

我還想玩，可是又有點累：不行，再玩一下吧，再玩一下……ㄗㄗㄗ——咦，我怎麼了，我怎麼會睡著了？嗯，現在不累了，可以繼續玩！媽媽呢？「媽媽——」，媽媽好像不太高興，一直說「怎麼睡這麼一下下。」怎麼會，我一定是睡了很久了呀！我不累了，又可以玩了，怎麼會只有睡一下下？每次大人都叫我再睡、再睡，睡那麼多做什麼？有時候媽媽陪我睡，一邊叫我「小寶睡覺了」，一邊自己就閉起眼睛先睡著了，我就在旁邊繼續玩。媽媽一下子又會醒來說：「你怎麼還在玩，快睡呀！」說著說著又是她睡著了，真奇怪，我不想睡卻要我睡，其實是媽媽自己愛睡吧？周圍有那麼多好玩的東西，大人怎麼都不會去玩呢，睡覺有什麼意思？就算玩得太累了，只要睡一下就又會很有力氣了啊！像是坐爸爸車車，或媽媽抱抱時，我就會很快很舒服地睡著了，然後就可以再起來玩。有時爸爸抱我下車時會叫我「再睡、再睡」，我也還是很愛睡，可是半瞇著眼我發現這是個新地方耶！有好多沒看過的東西，不行，我不能再睡了，我要趕快起來玩，雖然還是有點愛睡……，不行，我還是先起來玩，等一下再睡吧！

可能採取詐死策略，不理會孩子的挑逗，假裝睡著了，企圖讓孩子「跟著」睡著，但往往如我當年一般慘烈犧牲，自己被哄睡了，而當事人還在一旁玩得不亦樂乎！至於放牛吃草型的，則可能造成孩子睡覺不定時，生活作息不正常，連帶影響全家人。

對於孩子好夢由來最易「醒」的困擾，爸媽們最常擔心的便是像在「吃」的方面一樣：吃睡不夠，會不會長不大、長不好？其實也如同吃一樣，孩子知道自己的需求，餓了他一定會吃，累了他也一定會睡。只是在這個時期，一切的一切都比不上一件事重要：玩！爸媽們常會抱怨：「無時無刻都要玩，吃東西玩，洗澡時玩，該睡覺了還是要玩！」孩子的字典裡往往沒有「應不應該」，只有「喜不喜歡」，尤其在這個年齡，玩幾乎是他生活的全部。孩子為了玩而廢寢忘食是常見的，即使是邁入青春期的大孩子們，玩也是生活中重要的一部分，只是玩的方式與內容不同罷了。因此，爸媽們常看到小寶貝明明已經很累了，還是「撐著玩」，一旦玩樂結束或場合轉換，像是客人告辭了，或到百貨公司逛完上車時，他們便會「不支倒地」，很快就睡著了。但既然累了，為什麼又一下子就起來？大人們往往覺得陪孩子睡，都還沒睡夠孩子就醒了。事實上以睡眠品質而言，孩子玩累而睡著時通常都睡得很沉，因此雖然睡得短，但體力卻能迅速恢復。而且孩子在體力腦力的消耗上不像大人般複雜，再加上孩子可是漸盛之體，我們則是漸衰之身，所以他們可以不一會兒便又生龍活虎，開始他好玩的時光。雖然孩子有體力，父母總希望能加以規律，該如何能有效但不生氣呢？

如果孩子晚上睡得不錯，每天睡眠總時數至少有九個小時以上（兩歲以內的幼兒最好能每天睡十至十二小時，這是最低標準），那麼父母可以不必太擔心。當然**每個人的食睡需求量不同**，但只要寶寶仍舊正常生長發育，保持生龍活虎，父母應該覺得高興而不必擔憂。只是有些孩子雖然睡的時數夠，睡的時間卻

都不對，這時父母們倒是有必要**評估每天的作息時間**，是否孩子因為跟著父母而導致作息不正常？四個月左右的小寶寶可能有一陣子會日夜顛倒，那是暫時性的生理反應（可參考前面〈晚安，寶貝！〉一文），但如果到了一、兩歲，還是作息不正常，爸爸媽媽恐怕得檢討一下嘍！

而為了怕孩子容易醒來，有些父母是孩子一旦睡著便全家進入警戒狀態，所有聲音降到最低。要求家人不可看電視、聽音樂，尤有甚之連電話、電鈴通通拔掉，唯恐任何聲音打斷小寶貝的美夢。其實愈嚴密的防堵可能會造成更無法收拾的後果，小寶貝到了別的環境可能因此無法安然入睡。當然並不是為了讓孩子自然而然習慣所有噪音，便可以恣意大聲喧譁，只是過與不及皆非其道，最好讓孩子自然適應正常環境音量。君不見餐廳的人聲喧鬧中，老闆的小寶貝仍恬適地在搖籃中安睡；我的兒子女兒也對每天可以聽到的松山機場飛機起降聲習以為常，絲毫不受影響。因此，在孩子睡著時減少不必要的吵鬧是一種尊重，也是一種保護，但大可不必要求周圍一切都必須是最高品質──靜悄悄！如果怕其他聲音太過突兀，**放個輕柔的音樂**，一方面可以沖淡其他雜音，一方面也可藉音樂啟發性靈，是另一種參考方式。只是音樂的類別可得選擇一下，可別讓寶寶愈聽愈清醒。此外，有些寶寶喜歡安靜地睡，有些喜歡留小燈……，爸媽們可**依據寶貝喜愛的方式自行斟酌**。

由於孩子此時本來就在好奇活潑又好動的階段，因此父母對於孩子「會不會是過動兒？」的擔憂往往是多餘的。即使到了幼稚園階段，寶寶對同一主題事物的持續專注力頂多二十分鐘，

因此幼兒的主題活動設計都不能太長，並且必須搭配許多動態活動來引導。所以如果你要抱怨孩子怎麼不能專心玩一樣東西或做一件事，那麼可能這個時期還不是時候。父母這時常會覺得孩子總是動不停，像毛毛蟲一樣，每樣東西都有興趣，卻每樣都玩不久，放心！這個時候的孩子都是這樣，就連睡覺時也會因為尚未耗盡最後一分玩的力氣而不甘心入睡，因此，**布置一個安全的環境**是很重要的，以免在爸媽被哄睡，而孩子仍清醒時發生意外。當然並非所有家庭皆能配合孩子在**家具方面**做變動，但總以安全為重點，令孩子玩、睡時的環境皆能令父母放心。

雖然孩子的作息此時是跳躍式的，但如何從中**校正出一個常規**，仍是父母應努力的。也許少量多餐，孩子睡得短但次數多，父母應該將其調整到三餐進食與起床睡覺的時間與家人相同，如此對孩子的生長發育有絕大的助益，對全家的作息及相處，也會有正面的效益。因此雖說好夢易醒，孩子醒了就與他玩一玩，認識一下他純真的世界吧！

我是無敵鐵金剛

「叮咚！」手中提著大包土產，一心期待見到孫子的外婆興奮地站在門口，看到開門的媽媽時，卻不禁愣在那兒。只見媽媽頭上戴著浴帽，臉上戴著口罩，手上還帶了長長的清潔用手套，猛一看還以為到了手術室。還沒來得及回過神，媽媽便替外婆脫了鞋和外套，把她手上的大包小包拿到廚房，然後拖著外婆往浴室走，開了水、拿了藥皂，替外婆洗起手來。回到客廳，只見窗戶都關了起來，還拉上厚厚的窗簾，屋內只開了昏黃的小燈，還有涼颼颼的冷氣。這時爸爸從房間出來跟外婆打招呼，也是口罩、手套的，一副如臨大敵的樣子，外婆實在忍不住了：「你們這是在做什麼？小寶呢？這到底是怎麼回事？」聽到外婆的大嗓門，媽媽忙不迭地比起手勢：「噓——，媽，小聲點，可別把這小祖宗給吵醒了！唉，還不就是小寶又感冒了。剛剛好不容易才睡著……」「感冒有必要這麼緊張嗎？看看你們，又是口罩又是手套的，好像到了醫院似的。」「可是媽，最近流行什麼腸病毒的，妳沒有聽到新聞報導，有的小孩都救不回來，嚇死人了！所以我才會趕緊拉著妳去洗手，以免把外面的細菌

帶進來。他們說……」「呸呸呸，我看妳最好連我鄉下帶上來的雞都捉去用肥皂水洗一洗才安全。瞧你們緊張兮兮的，你們幾個還不都是我拉拔大的？在鄉下成天在泥巴野地裡玩，也沒生過什麼大不了的病。哪像現在，成天關在房子裡吹冷氣，像養肉雞似地，不生病才怪！噯，說到這，我可先說清楚，等一下可別叫我也得像你們一樣穿成這德行。」說著說著，果真把小毛頭給吵醒了，外婆搶在前面，進了房又親又抱的，看得後面跟上來的爸媽心驚膽顫。外婆倒是瞧出了他們的心事，回頭說道：「放心，我可是健健康康的鄉下土雞，哪像你們，一點抵抗力都沒有！」

雖說人吃五穀雜糧，感冒生病總是難免，但天下父母心，總是希望子女健健康康，沒病沒痛的。只是大部分的寶寶大約在一歲左右，都會有第一次去看病的記錄，有的甚至更早。因此除了吃喝拉撒以外，爸媽的煩惱又多了一樁：寶寶怎麼又感冒了？

其實比起「幼稚園症候群」──也就是剛上幼稚園時動不動就感冒生病的現象，這個時期看醫生的頻率已經不算多了。但是因為尚在嬰兒期，寶寶生病比平時更容易哭鬧，看著嬌弱的小寶貝飽受病魔折騰，爸媽更是份外心疼。因此陪著一起哭者有之，指責照顧者不小心者有之，一日三顧醫生者有之，總是盼著寶寶從此能不再生病。

對大人來說，寶寶生病除了看著心疼外，孩子因病痛而變得吵鬧不堪，往往也讓爸媽團團轉。而對生病的小孩而言，難過自然不在話下，尤其對口齒尚不清的小孩，除了不耐病痛，更不解生病過程中大人的對待。因此孩子生個病，可是大人小孩都折騰。其實除了先天性的疾病或一些較嚴重的感染外，一般而言，嬰兒由母體所得的抗體，大約能讓寶寶在出生後四到六個月間不容易生病感冒；我的一兒一女第一次因生病看醫生，都是在七個月大時。但在這之間，常見初為人父母的新爸新媽抱著軟綿綿的小寶貝問醫生：他一直打噴嚏，是不是感冒了？而醫生在聽診之後如果沒有異狀，通常都會說沒事，並且笑著要父母別太緊張。這是因為新生兒通常比較敏感，空氣中稍有異味或鼻中有異物

哈啾！討厭，又有水水從鼻鼻流出來了。哈啾！每次媽媽聽到都會很緊張的跑過來，然後用紙紙一直擦我的鼻鼻，好痛喔！媽媽說我又感冒了，什麼叫感冒？爸爸回來時，我聽到媽媽在跟他說，晚上要帶我去看醫生，嗚嗚，我不要看醫生。每次醫生都要把我翻來轉去，抓耳朵弄鼻子的，最後還要拿根棒棒塞到我嘴巴裡，我不要，我不要！還會有穿白衣服的阿姨過來抓著我，把我的嘴捏開，爸爸媽媽也都變得好兇，會幫他們抓我，一定要讓醫生叔叔把棒棒放進我嘴裡攪一攪之後，大家才會把我放開。還不只這樣，之後他們還會要我喝一種很難喝的果汁，我現在都知道，那根本不是

時，打噴嚏便是最自然的反射動作。當然這並不是跟父母保證，寶寶打噴嚏絕對都沒事。如果家中有人感冒，或進出的人較多，尤其有個正在上幼稚園的哥哥姊姊時，寶寶的抗體可能就抵抗不了這麼多外敵了。但是為了確保小娃兒平安沒事，大家就必須全面武裝、戒備森嚴嗎？倒也不必。那麼該如何讓孩子少生病、少感冒呢？

首先請排除對感冒生病的全面否定心態。凡人生病為必然，大部分孩子上幼稚園常生病，到了快上小學時就好多了，因為那時孩子已對大部分的病菌有抗體了！更別說跟這個世界剛開始接觸的小娃兒，經由感冒的考驗而變得更強壯是**必經歷程**。所以遇上小寶貝生病時，本來就夠人仰馬翻了，可**千萬別再互相指責**，

果汁。第一次媽媽說是果汁，我好高興，可是味道好奇怪，我不要喝，就把它吐出來，媽媽卻說不可以，又要我再喝一次，我不要嘛！起先媽媽會先把我抱得緊緊的，小小聲的要我喝，我還是不要嘛！這時媽媽就會叫爸爸一起來抓我，他們都變得好兇，都好用力，最後我沒有力氣了，就一邊哭一邊喝了。之後爸爸媽媽又會抱我親我，真奇怪。所以我才不要去看醫生呢，我也不要生病。每次生病我都會好難過，會哈啾哈啾，會咳咳咳，有時候頭頭也會昏昏，肚子還會痛痛，通通都好難過。而且爸爸媽媽還不讓我出去玩，也不可以吃冰冰，好吃好玩的都沒有了，還要吃可怕的藥藥，生病真討厭，我為什麼會生病呢？

怪家人為什麼沒好好照顧孩子。相信沒有人會希望可愛的小寶寶生病，因此積極應做的是趕快讓寶寶好起來，而不是浪費時間去吵架喔！

當然也不是為了讓孩子有抗體，就讓孩子多生病沒關係。相反地，大人們固然在孩子生病時要互相支持，但更應注意在平時便要**減少環境中可能的傳染原**，降低孩子被感染的機率。像是家中有兩歲以下幼兒時，最好避免養寵物，否則也應將飼養場所隔絕在小孩的活動範圍之外。另外，台灣氣候潮濕，少用地毯、窗簾等容易吸附灰塵的家飾，可以大幅降低嬰幼兒因塵蟎而導致氣喘；而家中的床單、毛巾等也應常換洗，並儘可能在陽光下曝曬一陣子殺菌；日常用品及環境的清潔衛生，當然更是必須時時注意。

一、兩歲的嬰幼兒，生病時常見的症狀總以氣管及腸胃的毛病為大宗，前者多跟病毒的感染有關，而後者則除了外來病毒之外，常跟照顧者本身及孩子的衛生習慣有關。曾有朋友因工作忙碌，將孩子送回南部給公婆帶，寶寶從此常拉肚子。起先以為是天氣上的不適應，直到有一次回去探望，才知道其中緣故。原來爺爺奶奶愛孫心切，成天餵這個吃那個的，吃不完便隨手放著，等一下再拿來餵。鄉下蚊蠅多，加上食物一時沒吃完，放久了或一再加熱都不利保鮮，難怪小娃兒老是腸胃拉警報。其實在這個時期，孩子外食的機會還很少，因此對於腸胃的照顧，主要不外乎原料的保鮮、製作過程及食具的衛生，當然，**從小養成良好的衛生習慣**，更是父母責無旁貸的。

除了鞏固內裝，我們當然還要抵禦外侮，因此在感冒大流行時，應儘量**避免帶嬰幼兒進出公共場所**，家中成員感冒時，也應少接近小寶寶。但是最親愛的爸爸媽媽感冒了，寶寶可不懂得危險勿近，這時戴口罩倒是很好。只是小娃兒要嘛不能接受爸媽突然變成了藏鏡人，要嘛以為你在跟他玩，十之八九都會把你臉上的口罩扯下來。因此，如果家中有其他的照顧者，就先讓他們多代勞吧！但是只有口罩夠嗎？是不是應該像前面提的爸媽一樣，浴帽、清潔手套等都上場？其實如果能注意進門後換下工作服、好好洗個手、自覺不舒服時便多戴個口罩，這些都能做到的話，將細菌帶進門的機率都能大幅降低。草木皆兵地把一家子弄得神經兮兮，可能讓孩子真的變得一點抵抗力都沒有了。

為了避免孩子變成中看不中用的肉雞，平時記得讓他們曬曬太陽，運動運動。也許爸爸媽媽會好奇，這麼小的娃兒能做些什麼運動？其實孩子好動是天性，從幾個月大的舞動手腳到會爬會走，寶寶的活動力是愈來愈強，怕的是爸媽保護過度，怕孩子摔了碰了而限制約束。一般人較會注意到運動保健對大人的必要性，實際上對小寶寶也是一樣重要喔！如果爸爸媽媽實在對如何帶寶寶做運動沒有概念，坊間有些嬰幼兒的體能訓練或親子體操的書籍可供參考。除了**運動，適度曬曬太陽**對孩子也是必要的。當然並不需要因此而在烈日當頭時把小寶寶推出去當烤鴨，但是也不必提前為孩子進行二十四小時美白。可以在早晚陽光還不太強時，帶孩子出去走走，適度的曬曬太陽有助增強抵抗力，並能促進維生素 D 的合成，除了對寶寶的生長發育有幫助，對大人也有好處喔！

天線寶寶就是我

「寶寶退後」，胖胖的小手在電視螢光幕上抹出一列手印，嘟囔的小嘴滴了一灘口水在地板上，小寶興奮地隨著廣告樂曲扭動著，絲毫不為所動。「寶寶，退——後。」媽媽乾脆上前把小毛頭攔腰撈到沙發上：「看電視要坐好，不可以跑到電視機前面。」才坐不到兩分鐘，小毛蟲又溜了下去，媽媽嘆口氣：「開始演就跑，廣告了反而冒出來，真是反著看電視。」隨手「啪！」地一聲關了電視，沒想到小寶卻跳出來鬧著：「看視視，看視視！」「電視演完了，小寶不看了。」「看視視，看視視！」小寶仍是不依，「好啦，好啦，那媽媽放錄影帶，你要好好看喔！」螢幕上的米老鼠、唐老鴨熱鬧地唱著跳著，果然讓小寶就定位了一會兒，只是沒多久——「寶寶，你不是要看電視？怎麼又跑了？」——同樣的戲碼每天總得上演個好幾遍，媽媽也曾無奈地跟朋友提過這種現象，卻發現其實這個年齡的小孩都差不多如此——對電視若即若離，看一下便跑開，關了又不行；總是冒出來看廣告，節目開始了就跑，真要叫他們看個什麼節目根本不可能。大人在看時，卻又在一旁跑來跑去，問這個吵那個的。

也許爸爸的註解是對的吧？——電視是文明的產物，對這個時期的野蠻動物是沒有作用的！

電視對現代家庭而言，與其說是視聽科技產品，不如說是日常家電，每個人都視其為必然的家庭用品。對現今的孩子來說，看電視是理所當然的日常娛樂，在他們父母的時代，一大群孩子趴在街上唯一一戶有電視的人家窗口看電視的盛大場面，他們是無從想像的。也因此對千禧年的嬰幼兒而言，電視根本就是玩具的一種，而且是一種超級好玩的玩具——會唱會跳還會變換五彩的聲光影像，這當然比沒有聲音的拼圖，或有聲音但沒有影像的錄音帶等有吸引力囉！但是對父母而言，卻有許多的矛盾：電視有它不可否認的吸引力；但是讓小寶寶看電視——這麼小對眼睛不好吧？電視又有輻射……，可是大人也喜歡看呀！有些節目是專為孩子製作的，叫他看卻又看不懂，坐也坐不住，要大人陪著又很無趣，再說哪有那麼多時間？……唉，以前的人沒電視是怎麼過日子的呢？

其實在出生後幾個月，小 baby 的視力都是模糊不清的，因此他的反應多經由觸、聽、嗅、味覺而來，但也並不是說你在他眼中是沒頭沒臉的。實際上，早期的研究便發現，即使是新生兒，也能很清楚地辨別人臉與其他事物的不同。再配上每個人獨特的聲音、味道、音調、手的輕重柔緩等，因此放心，你在寶寶的心中絕對是獨一無二的！但是自此以後，小娃兒的視力發展究

那個好玩的大盒子又開始唱歌跳舞了，好好玩喔！我要看看那裡面的阿姨躲到哪裡去了，還要把裡面的氣球抓出來，還有……「寶寶，退後！」——喔喔，又來了，媽媽每次都不准我跑過去，可是，這樣我怎麼去摸裡面的東西，我可不可以鑽進去跟米老鼠一起玩？媽媽為什麼不讓我靠近呢？她每次都說「眼睛會痛痛喔」，不會啊！裡面有好多顏色，亮晶晶的，我一定要一直看。可是唱歌一下子就唱完了，換成叔叔在那裡講話，不好玩，我要去玩別的玩具。這時媽媽卻要叫我看，說我不可以一下子就跑開。唱歌跳舞都沒了，米老鼠也不見了，我不想看哇！不行不行，媽媽妳不要把它關掉，米老鼠等一下會再跑出來，阿姨也會再出來唱歌，我只是先去玩一下好玩的玩具，不可以把電視關掉啊！我想看的時候就會來看一下，妳把它開著嘛！就像熊寶寶還有嘟嘟車，我要玩的時候就可以玩，不要把它關掉哇！阿姨又出來唱歌了，我要趕快去看，熊熊等一下我再來跟你玩囉！

竟如何，可能一般父母就不會再深入追究，反正他們一定是愈看愈清楚就對了，因此若問一兩歲的小孩視力如何？大部分的父母應該都會認為已經不錯了，因為他們都會看電視、看書了呀！會不會帶兩、三歲的孩子去檢查視力？如果沒什麼異狀就不必了，上幼稚園或小學時學校就會檢查了嘛——你是不是也如此認為？其實即使到了一、兩歲，寶寶的手眼協調仍未完全發展，因此小寶貝無法準確地將積木疊高，因為放不準。而寶寶在兩歲左右的

視力也不過 0.5 左右，距離正常視力的 1.0 只有一半，而一般認定的標準視力 1.2 則可能要到上小學時才能發展完成。因此愛護眼睛、保護視力可不是到小孩上小學時才開始，因為這時已經來不及了。學齡前由於正式的讀寫工作還不多，因此對於視力的傷害通常源自於日常生活環境及習慣。而在嬰幼兒時期，看書的機會剛開始，且多半有大人陪讀，環境中最有可能的視覺刺激因此多半來自於家中的大魔術箱——電視！

不只孩子愛看電視，其實大人也愛呀！尤其現在第四台的普及，真的是二十四小時全天無休。我常揶揄愛看新聞性節目的老公：「哪天我要跟你說個什麼事，大概得在報上刊登個新聞或上電視 call-in，你才會知道！」實際上一聊起來，發現不只我家老公得了這種電視病，很多人家中也有這種文明患者——大人、小孩，甚至老人都有，可謂最大規模的流行病。因此，對於小小孩的愛看電視，我們不必追究為什麼。只是大家都知道多看電視不好，又傷眼睛又有輻射的，但身為文明之士，家中也不可能不看電視，那應該如何約束旁邊竄進竄出的小毛頭呢？

一、兩歲的小孩一定是不自覺地會漫遊到電視螢幕前流口水。因此，在你無法離開電視而生存前，請先以制約反應來控制你的小寶寶，讓他能**在安全距離內看電視**。所謂的安全距離是電視畫面對角線長度的六至八倍，換句話說，電視螢幕愈大，距離就該愈遠。而所謂的制約反應，說難聽一點，就是你用來對付貓貓狗狗時會用的那一套，譬如小狗亂尿尿你會打牠屁屁，抓牠去聞一聞。因此，在小寶寶漫遊到電視前時告訴他：「退後，不然關掉了！」沒退後就關，退到安全距離時才再開，再前進就再

關。幾次之後小朋友就會知道，只有在特定距離時才看得到電視。或者你可以乾脆為他備個寶座，放在固定的位置，每次看電視時要求他一定要坐在那兒才開電視，由此達成先決保護，不致於距離電視太近。

其次，可能得檢討一下家中**看電視的時間及內容**。以現在多達數十台五花八門的節目，加上隨時可租的錄影帶、DVD 等，家中電視真的是全天候在播放。你家是不是只有不在家或睡覺時才會讓電視休息呢？據說現代家庭有半數以上是在電視機前面吃晚餐的，尤有甚之的是每個人還是在自己的房間內看不同的電視。當然唯一的好處是省得買餐桌，但是家人相處的品質呢？因此我通常要求家人在討論事情時關掉電視，晚餐時尤其需要關掉電視，才能全家好好談個心。所以建議家有幼兒的家長，好好反省家中看電視的時間長短及內容，往往你會發現，其中有一大半是不必要的。

對這個年齡的孩子而言，通常很少會沉迷於看電視，大一點到了三、四歲，才會開始變成電視寶寶，在電視機前生了根。這時期的寶寶只是純粹受電視的聲光畫面吸引，因此多半是愛看廣告等畫面內容變動快速、音樂節奏明顯的片段。偏偏這類畫面因光影變動多而快，對眼睛的刺激也相對增加，因此控制安全觀賞距離更形重要。而有的父母會認為，同樣要看電視，就特別放個小朋友的節目讓他看，但不久一定會惱於小寶寶的不領情、沒耐性。實際上，即使孩子到了三、四歲，專注於一件事物上頂多也不會超過半小時，因此不必懊惱於寶寶「不會」看電視，**也不必急於以電視來進行教化之功**。當然電視有它必然的教育功能，好

的電視節目也適合全家共渡歡樂時光，但在此年齡，我們仍建議稍待一陣子再說吧！

相較於電視無論在視力上的傷害或內容上的不當，父母能給孩子遠優於電視的是**親身陪伴孩子**。實際上對大孩子而言也一樣：「爸爸媽媽陪我玩」是最有趣也最有意義的節目。尤其對嬰幼兒期的孩子而言，兼具視聽觸、嗅、味、身心手腳一起來的動一動，遠比只動眼不動手的看電視，其中的樂趣及學習更是無可計量的。因此在煩惱孩子成了電視寶寶時，何不先問問自己：「我是不是電視爸爸／媽媽？」無論答案是什麼，鼓起勇氣、關掉電視，與孩子共同演一段更精采、更有意義的家庭倫理劇吧！

衛生健康一把刷

「噢！」媽媽由寶寶口中抽出手指，粉紅色的牙膏泡沫緩緩地沿著寶寶嘴角流下。媽媽甩了甩被咬痛的指頭，還是套上軟毛指刷：「來，寶寶，還有一邊沒刷喔！乖，把嘴嘴張開。」——寶寶嘴角流著粉紅色泡泡，傻傻地笑著——「寶寶，嘴嘴張開啊！」媽媽催促著，但是寶寶仍不為所動，倒是爸爸開了口：「何必呢？每天跟他耗時間，搞不好還會被咬一口，犯得著這樣大費周章地刷得滿嘴泡嗎？」

「不行呀，人家說長了牙就得幫寶寶刷，尤其這時候成天喝奶，最容易蛀牙了。」媽媽仍是不死心地想讓寶寶張開嘴，「那妳讓他漱漱口就算了，等他大一點自己會刷再教他嘛！瞧他現在才幾顆牙，能蛀到哪裡去？」爸爸還是不以為然，「漱口是每次吃東西都要做的，刷牙至少要早晚刷。現在牙雖然不多，可得讓他習慣刷牙，否則以後他更不肯。」「就算蛀牙了，長大還不是會換牙，沒那麼嚴重啦！」聽到爸爸仍是一副無所謂的論調，媽媽忍不住走到爸爸身邊，兩手往他臉上用力一捏，這次輪到爸爸「哎唷」大叫一聲，張開了嘴，「瞧瞧你滿口的爛牙，就是這種謬論造成的！」

對於成長中的寶寶，一般父母較關心的多半在於長得如何——多高了？多重了？會不會說話？會不會走路？……喔，還有，長幾顆牙了？但在注意外表的成長之外，大多數的爸爸媽媽卻相對容易忽略了與成長相關的一些習慣與規律的養成：為了讓孩子長得快又壯，於是讓他無時無刻不停地吃；為了怕他吵鬧，於是任由寶寶想玩就玩，想睡就睡；至於刷牙，那當然是不必奮鬥了，何必跟小麻煩鬧得不可開交呢？但是如此的安穩日子能永遠過下去嗎？那可不了！一旦發現有所偏頗想要調整時，有些也許可以及時糾正，像是吃睡的不定時，經由父母的耐心與毅力，可以慢慢回復正常。但是牙齒蛀了——Sorry，就算能補也得折騰一場，換新的當然可以，上小學時會再給你一次機會，但是只此一次喔！因此，對於寶寶牙齒的保健，爸爸媽媽最好還是及早用心吧！

對於大人來說，刷牙只是例行公事，但對小寶寶而言，生活中的每件事都該和「玩」扯上關係，更何況刷牙這種「美得冒泡」的新鮮事呢？因此，父母可能是正經八百地看待刷牙這檔事，而小毛頭卻是興致勃勃地想大玩特玩一場。該怎樣讓刷牙變成能寓教於樂，讓父母放心、小孩開心的保健娛樂事件呢？

爸爸媽媽不必太嚴肅地一定要灌輸孩子有關蛀牙、保健的成人資訊，有時**言教不如身教**，自己刷牙的時候叫孩子來看變魔術，隨著爸媽口中的牙膏變成泡泡冒出來，小毛頭一定迫不及待地躍躍欲試了。因此，讓孩子開始刷牙並不難，重要的是如何正確地教他們刷牙，並且持之以恆。現在的孩子營養好，以前的「七坐八爬九發牙」根本早已全面改寫，四、五個月的娃兒多半

喝完香香的牛奶，嗯，愛睡睡了。咦，媽媽還要叫我起來做什麼？喔，又要刷刷刷了。以前媽媽會在手手套一個小刷刷，伸到我嘴嘴裡面轉轉轉，然後叫我喝水水才能睡覺。現在媽媽說我長大了，可以自己刷牙了喔！媽媽給我一支小刷刷，上面要放一種果醬（媽媽說那叫牙膏），然後放到嘴嘴裡面轉一轉，就會變成好多甜甜的泡泡。可是媽媽說不可以吞下去，要喝水水吐吐。為什麼呢？我不要嘛，我覺得好好吃啊！媽媽這時會大聲叫我：「吐吐，不可以吞！」還叫我要再刷久一點，我不想刷了呀！媽媽要過來幫我刷，我不要張開嘴巴，好多泡泡一直流下來。她很生氣，我也很生氣，刷牙都不好玩了，為什麼一定要刷牙呢？我要自己刷牙，媽媽又說這樣不對、那樣不對，刷牙一點都不好玩！

都至少已長了兩顆牙，到了一歲左右，必定已是「牙牙」學語，只是長得多寡不同罷了。一般多為四顆牙，即上下門牙全長了，但像我女兒一歲生日時便已長出八顆牙的也有。其實即使尚未長出，乳兒的牙齒並非缺席，只是像待發的種子般，埋在牙床裡蓄勢待發，否則可伸個手指探一探，小寶寶的牙床可都是硬梆梆的！因此隨著第一顆牙冒出，宣告的是之後牙齒將開始陸陸續續長出，而口腔牙齒的保健也應更確實進行了。

最早期的口腔衛生保健其實應**由出生便開始**了。即便當時還沒長牙，但成天喝奶的寶寶口腔往往亟需清潔，因此每次喝完奶後再餵些白開水漱口，是最簡便的方式。而至少一週一次應以細

紗布纏在手指上，沾些溫開水為小寶寶的口腔清清牙床及舌苔，長牙後則每天以同樣方式為寶寶「刷刷牙」。從小習慣了，寶寶便不覺突兀，但如果小時候沒有這麼做，想說等到孩子會「自己」刷牙再來教，恐怕便為時已晚。

就算孩子想自己刷牙，一開始父母還是得先**好好教他正確的方式**，示範一陣再督導一陣，還需不時抽查才能過關。但孩子能正確有效地刷牙，多半得到上學後，因此在嬰幼兒期，親愛的父母親大人們，還是勉為其難地幫孩子刷刷牙吧！否則難免在放心地讓孩子自己刷了一陣牙之後，哪天孩子摀著嘴喊牙疼時，才猛然發現——天天刷卻刷出滿口大爛牙！

說雖容易，實際上大人們刷牙刷得正確的恐怕也不多，但也不必因噎廢食、放牛吃草地隨便丟根牙刷，讓孩子抹點牙膏，放進嘴裡轉兩圈了事，只是求個心安。對於嬰幼兒而言，**刷牙習慣的養成**其實才是最重要的。由於此時的乳牙多半細細小小，因此在一開始，父母只要教寶寶懂得如何讓刷毛刷到牙齒，而且能將牙刷順利地在口腔來回刷到上下左右的牙齒便算成功，不需要太複雜地要求他一定要「上牙齒向下刷，下牙齒向上刷」，否則必定落得大哭小叫——大人受不了，小孩哇哇叫的悲憤收場。

工欲善其事，必先利其器，為寶寶**挑選一支適合的牙刷**是刷好牙的第一步。兒童牙刷絕對與大人的不同，因此不要隨手拿家中現成的牙刷來給寶寶，尤其是嬰幼兒用的牙刷與學齡兒童也不同。此時的牙齒小而脆弱，因此刷毛一定是軟毛的，刷毛頂多是三列即可。對一歲以內的乳兒，一些知名廠商有特製的乳膠牙刷，使用材質像是固齒器，但形狀像狼牙棒。一般嬰幼兒牙刷刷

柄握把大多特別粗大，這是配合幼兒小肌肉尚未充分發展的特性，以利孩子自己抓握，造型也都很可愛。因此，一支具吸引力且適合他的牙刷，可以輕易讓孩子樂意開口試著刷刷刷。

既要刷牙，當然得用牙膏，這是一般人的概念，但其實不然。小朋友的口腔多半不像大人，由於雜食及口味重而需大肆刷洗，哺乳期的小寶寶甚至以清水刷便可以了，到了開始吃需要咀嚼的食物時，才開始給寶寶牙膏也不遲。但就如同牙刷，**寶寶用的牙膏**也與大人不同喔！不需要挑會起泡的，實際上有些特別為幼兒調製的牙膏是不起泡的，當然多數兒童牙膏還是會有些調味，這是為了吸引小朋友，讓他們更愛刷牙。而往往孩子們也會因此愛擠多一點，感覺像在吃糖，因此父母們可能得在孩子擠牙膏時多瞄一眼，以免一出手便一大堆。

通常甜甜的牙膏加上刷出滿嘴的泡泡，都是孩子不會拒絕的，因此刷牙的前半段都會充滿歡樂，但後半段卻往往變了調。其一便是要孩子**把牙膏泡沫吐出來**：要嘛是孩子不願意吐，要嘛便是吐不乾淨，弄得臉上、身上、衣服、水槽四處都是。其實幼兒牙膏的成分多半吞食也不會有大礙，但並不是因此每次都吞下去就好。所以父母應給適量牙膏即可，並且告訴孩子，牙膏泡沫帶出來的是髒東西，因此必須吐掉。但是對於較小的幼兒，不會吐或吐不乾淨是正常的，不必太過苛求。為了避免刷牙刷得不可收拾，我往往要孩子在洗澡前刷牙，接著洗臉洗澡睡覺，一氣呵成。但對於不是睡前洗澡的家庭，為寶寶穿件防水的圍兜，便可避免許多困擾。

刷牙的另一項困擾，可能便是孩子無法**持之以恆**。這是由於刷牙對他們而言，只是另一種形態的玩，就像遊戲一樣，我喜歡才玩，所以為什麼要天天刷呢？尤其當孩子累了，爬上床就要睡了，哪還能心甘情願地爬起來刷牙？也許有時難免必須將就著先赦免他，但至少晚上**睡前的刷牙是父母必須堅持的**，如果孩子真的累了，何妨由父母代刷。而每天睡前刷牙也不要只有孩子自己刷，父母陪著一起刷刷刷，會讓寶寶更深刻地知道：爸爸媽媽也跟我一樣，每天都要刷牙喔！

在大約兩歲左右，寶寶的乳牙就會全部長出（除了智齒之外），因此記得帶他去**檢查一下牙齒生長的情形**，有專門看寶寶牙齒的兒童牙醫喔！這時期多半還不會有蛀牙的煩惱，但是到了兩、三歲時，如果沒有讓寶寶有良好且規律的刷牙習慣，蛀牙蟲恐怕就要找上門，到那時，身為父母的你，可得更大費周章地亡羊補牢了。所以與其將來大人小孩都受罪，還是趁早與孩子歡樂一把刷吧！

我還是要抱抱

「每次都賴皮，再這樣下次就不要出去玩！」還沒進門就可以聽出爸爸的怒氣，跟在身後抽噎的小寶進了門，見到迎上前的媽媽，終於敢放開聲哭了出來。「怎麼回事啊？父子倆不是說去公園玩嗎？怎麼笑著出門，哭著回來？」小的只會哭，只好問大的：「又吵架啦？」把自己拋在沙發上的爸爸沒好氣地說：「明明已經會走了，玩一玩就要抱，叫他自己走就開始哭，這樣跟小 baby 有什麼兩樣？」一邊替小寶擦著眼淚，媽媽一邊安撫爸爸：「唉，大人不記小人過嘛！他也不過才兩歲不到，說是 baby 也還算是呀！再說玩著玩著他累了吧，這種小事何必生這麼大的氣?!」「兩歲不到抱久了也挺重的，我也不是沒抱啊，我也會累耶！」

眼見大孩子開始撒嬌了，媽媽趕緊見風轉舵，轉頭也訓一訓小的：「小寶，媽媽不是說小寶長大了要自己走嗎？小寶自己會走走好棒啊！爸爸累累了，小寶不可以給爸爸抱，下次要自己走走，好不好？」已經發洩完的小寶這時只想去玩玩具，根本忘了剛才哭一場的情況，爽快地接連點著頭，終於爸爸也平復了情緒：「好啦，臭小子，下次還不是

又會再賴皮，知子莫若父，還會被你騙過嗎？」天下終於太平，媽媽這才站起身來：「老爺公子，民女這廂可以告退了吧？」

寶寶蹣跚學步時，看著搖搖晃晃的小身子，爸爸媽媽在拍手鼓掌為孩子加油之際，心中多少也寄望從此可以卸下手上的重擔——抱孩子。尤其現在的孩子營養好，幾個月大就能養到快十公斤，加上孩子愈大愈好動，懷孕時就算增加個十幾二十公斤，總是固定在身上不會亂動，但是七、八個月的寶寶可就像麵條似地，在你懷中扭成一團，也可以像電腦亂碼一樣，突然脫序，完全轉到另一個莫名其妙的方向，碰上身形嬌小的媽媽，可真是要被懷中抱著的娃兒壓垮了。終於小傢伙一歲半，步伐不再搖晃，可以穩穩地邁開胖胖的小腳，你以為從此他就會「千山我獨行」了嗎？那可就大錯特錯了！

對於大人來說，走路說話都已經是一種本能及本份，根本無從記憶是如何「學會」的，因此每天走路說話都是「理所當然」。但是對於一、兩歲的寶寶而言，這是他生命中的兩件大事，他們必須花多少的精神與時間去學哪！其實即使是還抱在懷中的小 baby，都知道能自由來去的快意，因此五、六個月的娃兒都會指東指西地要大人抱著來這去那。到了能爬或坐學步車滑行時，孩子的興奮可以輕易觀察得到，不需依賴大人便可以行動自如了，多棒啊！就算是同樣的地方，他也可以反覆爬來爬去而

不厭煩。我還記得女兒七個多月時，終於不會拖個大肚子，而可以四肢著地快速爬行時，最喜歡從客廳到臥房這條家中最長的直線路徑，一口氣往返個好幾趟。我曾試過，要在她身邊跟上還得小跑步呢，可見她爬得有多快。一度甚至爬到膝蓋都磨破了，她仍然高高興興地爬，那是因為小 baby 也能體會自由來去的快樂吧！到了能夠站起身走路時，這是更大的挑戰，因此在不太會走時，爸媽會發現寶寶很愛試著站或走，每天都在嘗試，似乎這是

爸爸說要回家吃飯飯，不玩溜滑梯、盪鞦韆了。好吧，我肚子也餓咕咕了，我把手舉高高——「小寶不抱抱，要自己走。」——爸爸不抱我！我還是把手舉高：「抱抱！」「不行，小寶自己會走了。」我知道我自己會走，可是我不想走嘛！回家的路走過那麼多次，都沒什麼好玩的，而且我好累，我要爸爸抱嘛！爸爸不抱我，自己就往前走，我趕快去追他，他還是沒停下來啊！我不要，我不要！媽媽都只會讓我哭一下就抱了。可是我哭了好久，爸爸只是看著我，我一定要再大聲一點，還要跺腳，「你再哭，爸爸就不抱，你不哭才抱。」——哦！爸爸跟媽媽不一樣，好吧，我小聲下來，爸爸真的過來抱我。可是走了一下，他就把我放下來：「好了，寶寶要自己走了。」還沒到啊！我現在還不想自己走哇！為什麼我會走路就要一直自己走？給大人抱可以走好快，又可以看好多高高的東西，又很舒服，又不累，只有好玩的東西出來時，我再自己走就好了啊……爸爸，我還是要抱抱！

生活最大的重心，尤其在蹣跚學步時最愛走，常見喝醉的小身影四處顛來顛去，有時你想去抱他，他還扭著不依呢！那麼為什麼走得穩穩的之後，小人兒反而想退化給大人抱呢？因為這時他已經很確定自己會走，而且可以隨心所欲地走，不是蹣跚學步時的不確定、沒把握，而是一種不會失去的能力，像大人一樣，走路變成了像舉手一樣的反射動作。由於走路是那麼的輕而易舉，已經沒有什麼新鮮感了，因此他開始選擇性地走——我「想」走、「願意」走的時候才走！

對於親愛的爸媽來說，這可是晴天霹靂——什麼？會走了反而要抱？這還得了，那什麼時候才能卸下這種甜蜜的負擔？其實不必太過擔心，這是孩子由嬰兒期進展到幼兒期的過渡現象。寶寶自己也很矛盾，一下子覺得自己長大了，會做許多事，一下子又回復到 baby 的依賴與撒嬌。等到完全過渡到幼兒期的兩歲半、三歲時，除了特殊狀況如疲倦、生病，否則孩子那時都會以「自己走路」為常態。因此在抱得不堪負荷時想想，也只有這兩、三年可以親密地摟著他在懷裡，多少可稍解四肢的痠痛吧？

但並非因此父母親大人就必須無怨無悔全面配合，一路抱到底。**多鼓勵**當然是最基本的策略：「寶寶會自己走了，好棒喔！」替他拍拍手，加加油，「快到了！」萬一熱情逐漸冷卻，小傢伙不再興高采烈了，趕快在他全面崩潰前再發動攻勢：「來，我們來比賽，看誰跑得快。」**以遊戲帶動**通常都能奏效，但爸爸媽媽可別真的龜兔賽跑，一溜煙跑得老遠，小寶見這時不是停下來大哭，就是興致全無。時而超前一小步：「喔喔！寶寶再加油，快要追到媽媽了。」時而落後一小步：「哇！寶寶太厲

害了，爸爸都追不上。」當然，速度上也得配合小朋友的步伐，這般玩玩鬧鬧的就不覺無趣了。

當然有時碰上今天全面罷工，怎麼逗小傢伙還是抬起頭以企盼的眼神仰望你，高高舉著他的小手說「抱抱！」──投降吧！全面投降你就一路抱到底，否則就來個有條件的投降──**先談好條件**：「媽媽數到十就不抱了。」「走到前面 ×× 那裡就下來自己走嘍！」當然爾虞我詐，小傢伙只求先上得了身，答應了之後往往還會反悔，到了約定時間地點還是賴著不下來，這時候便停下來不走：「不行，我們已經說好了，小寶答應……」，如果妥協了：「好吧！那到 ×× 就好了喔！」那麼就得有心理準備，須一路妥協到底，這個年齡的孩子已經深知得寸可以進尺了。但是大人小孩就此僵在那兒也不是辦法，這時何妨**轉移注意**：「你看，那邊有個 ×××，趕快下來我們去看。」或是用哀兵政策：「媽媽好累喔，休息一下再抱你吧！」甚至用苦肉計：「哎唷，媽媽腳好痛！」當然有些理性的父母就是不願子女是被嚇大或騙大的，那麼我們便很**理性地跟孩子商量**：「我們先坐下來休息一下，你不累了就可以自己走了。」

為了省去這一番折騰，有些父母乾脆就用推車，愛走就走，不走就推。但往往常見的是寶寶不走，坐車時也不安分，想站起來就站起來。為了確保孩子坐推車的安全，必須的**制約訓練**便是他一有危險動作便停車，直到恢復安全狀況才再「開車」。反覆幾次後，寶寶一定會知道坐車的「規矩」。最後，要令寶寶邁開安穩的步子，一雙**合腳好穿的鞋**是必需的。不少父母以為剛會走路不需刻意去買雙小鞋，尤其是有些鞋子所費不貲，即使買了，為了值回票價，可能乾脆大個兩、三號，以便物盡其用。實際上值此足部發育時期，鞋子尤其重要，一些機能性的問題如內八字、外八字、腳弓不足，都可以藉穿著具矯正效果的鞋早期修正。因此為了讓孩子踏出「成功的第一步」，買雙好鞋是應該的。當然孩子的腳不斷長大，就經濟考量買稍大些是可以接受的，但頂多大個一兩號，並記得先為他墊個鞋墊。同時由於剛會走路的孩子是以步行為主，尚未開始跑跳，因此鞋子亦以軟底為主，弧度合腳能令他走起來更覺舒服，而不致由於「腳底不爽」而連帶從頭到腳都不對，一再要求媽媽抱抱原來只是因為鞋子不合腳。

在厭倦了總是抱人而非被抱之餘，哪天爸爸媽媽也可以蹲下來，伸出手跟你的寶貝要求：「寶寶抱抱！」當年我看見兒子眼中驚訝的神情，然後真的很盡心地想把我抱來，最後無奈地告訴我：「可是我抱不動嘍！」不禁又好氣又好笑地抱起他，的確，非不為也實不能也。時至今日，只有他抱我的份，我可抱不動他了。因此，對於剛開始邁向人生旅程的小人兒，鼓勵他自己走，除了**可以多鍛鍊小豬腿，並逐漸培養獨立習慣**外，如果寶寶不是太無理取鬧，當他舉起胖胖的小手，眼中閃著企盼的星星仰望你：「抱抱！」時，抱抱他吧，讓他在長大後仍有曾被溫暖擁抱的記憶，他才會繼續維繫與人們的親密互動。當然了，夜深人靜，可愛的小寶貝滿足地進入夢鄉之後，爸爸媽媽何妨也向另一半伸出手來：「親愛的，我也要抱抱！」

跟我玩、不跟我玩

「去啊！」媽媽再一次推推賴在身邊的小寶，「去嘛，去跟妞妞還有姊姊玩。」小寶的眼神望向在房內玩的妞妞跟姊姊，身子卻仍賴在原地。「唉，你看這孩子，我都懷疑是像誰，怎麼會這麼孤僻。每次都黏在我身邊，也不會去跟小朋友玩，妳看你們妞妞，跟姊姊就玩得很好。」

媽媽忍不住向她的好友，也就是妞妞的媽媽抱怨著。「噯，別急，也許他跟妞妞她們還不熟嘛！再說女生玩的扮家家酒，男生也許沒興趣，他們通常是玩車子啦，機器人什麼的，我家都沒有。喔！玩球好了，小寶，阿姨拿球給你玩。」

妞妞媽媽起身，興沖沖地進去拿了顆球給小寶，小寶卻也只是捏在手中，還是跟媽媽混在一處。「姊姊，妳來帶小寶跟你們一起玩嘛！」妞妞媽媽朝著房內喊，姊姊出來要牽小寶，小寶卻伸手來拉媽媽，意思是要媽媽一起去。「妳看，就是這樣，明明想去還是得要拉著我。」媽媽一邊說著，還是一邊起身帶小寶進到妞妞房間。

漸漸地，小寶似乎不再那麼拘謹，會跟小朋友們開始有說有笑了。媽媽見狀悄悄起身，打算退出兒童樂園時——

「媽媽坐坐。」──橡皮糖又回來了，「媽媽只是出去喝個水呀！」「媽媽坐坐。」小寶堅持不讓媽媽離開。「唉！天啊！妳看這小孩……」「沒有這麼嚴重啦！等他大一點自然會要找朋友的，放心吧！」妞妞媽媽安慰著沮喪的小寶媽媽，「可能嗎？為什麼他會不愛跟小朋友玩呢？」

兩歲左右寶寶的爸媽們可能會發現，寶寶會自己玩，也會有興趣看別的小孩玩，可是把他們湊在一起，卻往往是各玩各的，不會像大孩子一樣一起玩。就算你讓他們互相挨著坐，彼此仍然很少有交集，甚至有時還會各自護著自己的玩具，深恐被人拿走了。但是你說他們互不關心倒也不然，他們會看別人怎麼玩，尤其對孩子特別有興趣，可是當旁觀者居多，絕少會主動去跟人家打交道，要嘛也得拖個大人一起。爸爸媽媽或是較大的孩子帶著玩時，他也可以跟別的小朋友一起玩，可是一旦大人不在身邊，他會馬上回頭跟上去。許多又好氣又好笑的爸媽在受不了「自己的孩子怎麼這麼不合群」之餘，甚至還會懷疑，小寶貝是否有自閉症？

由抱在懷中的奶娃娃長大到會自己四處跑，兩歲左右的娃兒其實還沒完全跳脫嬰兒期。因此，對於習慣了依偎在母親懷抱的小傢伙而言，環境中會開始較常出現的不尋常人士，也就是「第三者」，當然是很引人注目的──原來除了眼中常見到的「你」，還有現在愈來愈加清楚的「我」之外，還有那許多不定時不定點

出現的，各種不同的「他」，而且其中還有許多跟「我」很像的小人耶！他們長得跟「我」差不多大小、做的事、玩的東西，甚至穿的衣服鞋襪都跟「我」好像，這些「他」實在太有趣了。寶寶當然在「他」出現時會特別加以注意，尤其是周遭的孩子，因為他們就是同類嘛！再說孩子們的世界是在大人的眼界之外，因此除非你常常蹲下來與孩子同高，否則他們很難專注地觀察你，因而與他差不多高度的其他孩子，當然成為寶寶眼中的重要角色囉！

只是對於「他」，寶寶多半由於好奇而僅止於觀察，尚未意識到「他」與「我」之間會有什麼關係。不像「你」、「我」已經

那邊的小朋友在玩什麼呢？我好想去看看喔！可是媽媽一直在跟阿姨講話。我也想去拿玩具玩，媽媽怎麼不帶我去呢？那邊的小姊姊走過來要牽我，可是我要媽媽也一起去啊！媽媽都要跟我一起嘛！——太好了，媽媽也來了。她們的玩具都跟我的不一樣，嗯，我也來玩玩看。哇，還有麥當勞漢堡耶，姊姊還把它跟薯條、可樂一起拿給我，太棒了！我看姊姊她們怎麼玩……喔，我知道了，另外一個姊姊幫我假裝倒可樂，我也來學一學，咦，媽媽呢？媽媽怎麼不見了？她什麼時候跑到那邊的，媽媽回來！媽媽叫我自己在這邊玩，不要不要，我要把玩具拿去媽媽旁邊玩；媽媽說要跟小朋友一起玩，不用啊，我有玩具玩就好了呀！我看小朋友玩，或者我自己玩玩具都很好玩，為什麼一定要跟小朋友玩呢？

太熟悉了，因此我也很習慣你在身旁，我知道你會做些什麼。可是「他」？他總是換來換去，他要做些什麼？跟我有什麼關係？所以我才要好好看看呀！對於已經周旋在你我他之間多時的爸爸媽媽們，真的已難去體會你我之外加個他，對於剛開始闖盪江湖的小騎兵會是一個多大的轉變。

至於「玩」，環境之中的所有物件都是玩具，甚至生活本身就是在玩，「玩」對小傢伙而言一點也不陌生，一點也不是難事，可是跟別人一起玩——必要嗎？為什麼？跟熟悉的「你」玩，寶寶已經習慣了，但是跟陌生的「他」玩，寶寶就真的還是很陌生——要怎麼玩呢？當然了，每個孩子天生的氣質各不相同，有的孩子很會跟人家玩，相對地，也有孩子即便到了理應與同伴互動「一起玩」的三、四歲時，仍然習慣自己一個人玩。家中已有其他兄姊的寶寶，通常比較會「一起玩」，但是換了跟其他的孩子，可能仍會稍有不同。這是因為兄姊對他而言，仍是與父母等主要照顧者一樣，是熟悉的「你」，可是其他孩子仍是不熟悉的「他」。因此寶寶不是不與其他孩子玩，而是無法像我們一樣，快速調整轉換，並適應你我他之間的互動。這也就是為什麼，即使他很有興趣地看著其他小孩玩時，仍然要黏在「你」身邊了，因此千萬別誤會孩子是孤僻或自閉喔！

就像習慣你我之間的互動一樣，寶寶很快也能適應你我他的新世界，因此到了兩、三歲時，年齡相近的孩子自然而然會玩在一起。這時候不再是互相觀察式的玩，而是有交集、有互動的，會彼此交談分享，當然也會彼此爭執，但是無疑的，他們是在「一起玩」。雖說每個孩子的進展不同，但是父母們不必擔心：

「他要哪天才學會跟別人一起玩？」──時機未到罷了。當然，對於不喜歡寶寶當橡皮糖總是黏在腿間的爸媽們，與其被動等待，不如主動出擊。若還是希望讓寶貝早日加入其他孩子的小人世界「一起玩」，那麼首先，請**務必不強求，不苛責孩子**。畢竟孩子的天性不同，進展互異，會不會與別人玩無所謂對錯好壞，因此，孩子願意跟別人玩是很好，不願意也不必勉強，想想看，被強押著玩，會好玩嗎？

陪伴漸進較能夠帶著寶寶踏入其他孩子的世界；先在一旁陪著他玩，在當中**適時引導**他與別人互動。譬如在公園玩球時，你丟給他，他丟給你，你再丟給其他孩子，讓他來與寶寶丟球。一開始可以保持三角傳球，漸漸地以他們彼此互傳為主。但是仍以**不勉強**為原則，一旦寶寶覺得不願單獨與他人玩時，爸媽可適時再下海插花，在適當時機再退下。不過可別悄然不見，而要告知孩子：「爸爸累了，在旁邊坐一下。」否則小心適得其反，一旦孩子發現跟陌生的「他」玩一玩，會讓熟悉的「你」無聲無息不見了時，他當然是再也不會下去跟別人玩，而一定得牢牢看著你囉！

由大孩子引導也有異曲同工之妙，孩子帶孩子，孩子們彼此之間由於「同一國」的氣味，自然較能互相吸引。大孩子較懂事，會做的事又較小小孩多，在寶寶眼中是不像大人般望不到邊的小大人，除了類似於大人的全能形象外，還多了份也還是個孩子的親切，因此由大孩子來帶領小朋友通常會奏效。有的大孩子頗有小朋友緣，比起已離開童年期幾百哩遠，礙於現實不得不再學著裝可愛的老爸老媽們，可懂得帶孩子呢！尤其是一群小小孩

間放個大孩子，除了引導外，通常還能兼任仲裁者、協調者等，以孩子們能接受的方式適時排解小毛頭之間的紛爭，而不必到老爸老媽跟前來告狀。當然即使有幸能將橡皮糖拐去跟小朋友玩，爸媽們還是得當燈塔，讓孩子無論在哪個角落都仍能遙望。寶寶玩得再好，總還是三不五時會繞回來在你膝旁磨蹭一番，撒個嬌，確定他玩得很好，你也還安在，他才能再放心地繼續去玩第二場，你可是他的精神支柱喔！

相對於人的因素，要讓小朋友能玩在一起，**玩的素材與性質**也很重要，能提供需要互動的遊戲，更能促使孩子們玩在一起。在戶外的話像是玩丟球，室內則可以玩家家酒，但是玩球也可以自己追著玩，家家酒更可以各自默默地玩，引導者可能必須**先示範或啟發彼此間的互動**。像前面提到的玩球，或是在扮家家酒時替他們分配角色：「來，你當老闆，你來買東西，你要買什麼啊？——喔，一杯奶茶……」。但是注意，兩歲不到的娃兒多半講話都還辭不達意，因此不要奢望他們能有太多語言互動，尤其是一群都是兩歲左右的小毛頭湊在一起玩時，恐怕雞同鴨講是逃不掉的，因此有時可能還是有勞父母親大人來個雙人相聲，替寶寶當「發言人」呢！

除了實質的引導帶領孩子外，也可透過其他方式，像是**比喻、象徵**或是**灌輸孩子有朋友真好的觀念**。挑選個故事，在當中會看到「哇，大鯨魚載小白兔去海上玩，牠們真是好朋友！」看電視或錄影帶時：「你看，小松鼠和小鳥一起玩喔！」**讓孩子熟悉「朋友」的說法**，進而延伸到他自己身上：「寶寶也會有很多朋友，寶寶要跟朋友做什麼呀？」「一起玩。」「一起玩什麼？」

「一起玩……」，由此**引發孩子有關朋友的各種話題和想像**，而在適當時機促成孩子開始真實地接觸朋友：「去跟他做個朋友吧！」

當孩子真的能跟他人開始「一起玩」後，別忘了**事後跟他一起分享有朋友的愉悅**，回想大家一起玩了些什麼？當中有哪些有趣的樂事？強調有友伴的好處與樂趣，儘量淡化彼此間曾發生的衝突與爭執，讓他更樂於「與人同樂」。當然囉！**交朋友還得選朋友**，別為了急於讓孩子與他人一起玩而不分蘋果番茄，一概來者不拒。一旦孩子覺得跟別人「不好玩」，也就更不願意跟別人一起玩，因此不必急於一時。等到青春期時，以同儕為重的孩子開口閉口：「我朋友……」「我朋友說……」，晚飯時間還打電話回來：「我跟朋友吃飯，不回來吃了！」你可能會慨嘆：「朋友一籮筐，老爸老媽擺哪邊？」

這是我的！

「小寶，給婷婷！」媽媽忍不住提高了聲音，小寶有點不知所措地愣在那兒，婷婷的媽媽趕緊打圓場：「唉，小孩子玩難免會吵，一下子就沒事了。來，婷婷，妳來這邊玩積木，小寶的球等一下再借妳。」終於兩個小的各就定位，但是天下太平了沒多久，就又傳來婷婷的哭聲，原來小寶又去把她抱著的熊寶寶搶下來。就這樣上演了幾個回合，媽媽在一連串的道歉聲中總算送走了客人。

「唉，怎麼辦呢？小寶這陣子小氣得要命，什麼東西都說是他的，別人碰都不能碰。今天婷婷來玩也是，明明小寶自己沒在玩的玩具，婷婷一玩他馬上就要拿走，一點都不會分享，真是丟臉死了。」晚上媽媽不由得向爸爸抱怨了一場。「是啊，連有時候我跟他玩，蓋蓋他的被子都不行。那天才離譜，小陳到家裡借打個電話，小寶也跑過去扯著電話線，說好聽是捍衛家產，說難聽些以後人家都得自備一切用品才敢上門了。」爸爸也跟媽媽感同身受。「幸好婷婷的媽媽很諒解，還說這個年齡都會這樣，以前婷婷姊姊也是，過一陣子就好了。」很有默契的，爸爸媽媽對看了一眼，不約而同說道：「真的嗎？」

兩歲左右的孩子多半會有上述的「症狀」，即使嘴上不能很明確地說清楚，行動上卻明白告訴你：這是我的！他自己的玩具、用品等當然是「我的」，可是有時候連家人共用的物件也都被他視為禁臠時，往往便會僵持不下。尤其這個年紀自我意識超強，認定之後九牛二虎都拉不動，如果家中有較大的兄姊，保證可以一天到晚聽見他們大叫：「別拿我的東西。」而小蠻牛卻仍一股勁地認定是「我的」而死不放手。碰到去別人家或有客人來訪時，更是不堪想像，三不五時便得費盡唇舌，試圖說服這小小的捍衛戰士。碰上抵死不從的頑石，父母往往氣得不是硬扯下他手上的戰利品，就是宣告投降，早早揪著小毛頭落荒而逃，因此孩子是不是自私、孤僻、不合群……的憂慮也難免卻上父母心頭。

「自我意識」是兩歲左右的孩子一個很明顯的表徵。在完成了走路、說話等重大成就之後，小寶貝在可以自由行動、與人溝通之餘，開始確認了「我」的存在。其實早在嬰兒期，睡在小床上的娃兒常會咬著自己的小手，玩弄著自己的小腳丫，這些都是在探索自我──我是誰？我長得什麼樣子？……如果將小寶寶放在鏡子前面，你會看到他們眼中露出兼具熟悉與陌生的好奇眼神，似曾相識卻又不太確定。但漸漸地，寶寶認識了自己──自己的長相、神情……所以大一點的孩子照鏡子時就又不同了，他會對著鏡子擠眉弄眼、故作姿態，甚或把鏡子親得面目模糊，因為他找到了自己，他知道鏡中人是誰，而且他喜歡自己。從此他的世界不再只有最初看到的「你」，而有了「我」──哇，太奇妙了！自從認識了自己，寶寶的世界自然轉為以自我為主，這

是可以理解的。但是放諸實際生活中，自我意識的行徑卻往往令周遭的人受不了。一切以「我」為準，所有的東西都是「我的」──當父母的雖然也願意包容，但是傳統的仁義道德觀總是鼓勵「分享」、「合群」、「友愛」……，所以如果自己養出一個這麼叫人抱歉的「小人」，這可怎麼辦才好呢？

其實在「跟我玩、不跟我玩」的主題中，我們已經探討了小寶貝由你→我→他的人際認知過程。因自我意識而發展出的一些現象，是父母親們會深刻體會，且往往必須奮戰許久的歷程。但是我們絕不稱這是個「問題」，頂多同意它是個「困擾」。因為孩子絕不是跟你作對，故意找你麻煩。這是成長過程中必經的階段，只是前一刻還覺得他是個抱在懷中軟綿綿的奶娃娃，這下子開口閉口都是「我……」，大多數的父母都無法立刻回過神來，體認到眼前的小人已然成「人」了。就算只是大幾歲的孩子，往往也不復記憶曾有過那麼段叫人受不了的自我歲月。像兒子對於小他六、七歲的妹妹，便曾經咬牙切齒，丟給她一堆如自以為是、自命不凡、自私等等的形容詞，當媽的告訴他曾經也有過如此的青澀年代時，他是打死也不認帳，可見要能接受並包容一個兩歲小孩的「我」、「我的」，的確是有點昧著良心。

知己知彼，瞭解了「動機」並非不良，對有犯行的小娃兒總應以雖無法接受，但可「諒解」為起點，父母親大人必須**自我心理建設，不存有錯誤認知**。這個年齡還不懂分享，你所說的「跟別人一起玩」、「要友愛」……聽在黃口小兒耳中真是鴨子聽雷，有聽沒有懂，「我的」就是我的，管你那麼多。可是如果因此任由他去，會不會不可收拾，愈演愈烈，長成個真小人？其實這些

我知道，媽媽又要叫我把「我的」玩具給別人玩，可是那明明是我的，為什麼要給人家？我的玩具、我的杯杯、我的書，還有我的媽咪、我的手、我的腳……我看到的東西都是「我的」，太棒了！我現在知道「我」就是我，跟爸爸媽媽是不一樣的。我可以自己走，會自己玩玩具，做好多好多事，有好多好多東西，所以別人都不可以拿「我的」東西，別人要玩跟我有什麼關係，這些都是「我的」！媽媽說我沒在玩，可以先給別人玩，可是就算我不玩，它們還是我的啊！我要把「我的」東西拿回來。媽媽說他們只玩一下下，什麼是一下下？已經很久了，不行不行，我還是先去拿回來，不然等一下我自己要玩就找不到了。可是媽媽每次都會生氣，說我小氣，什麼是小氣？媽咪也不可以去抱別的小朋友，她是「我的」媽咪哇！「我的」東西為什麼要分給別人？我的就是我的嘛！

都是**階段性過程**，到了孩子三、四歲時，自能融入群體生活，懂得分享、輪流……，但是到時又會有新的狀況要面對，孩子就是這樣長大的嘛！

雖然心裡已經有所準備，一旦「我的」爭奪戰上演，父母要能頭腦保持清醒可不容易。常見的是在一連串連哄帶騙仍未奏效後，爸媽會使出霹靂手段，強迫孩子和他人分享，當然往往下場壯烈無比：「我」嚎啕大哭，「他」則不知所措。搶下「我的」給別人，可能適得其反，孩子不會因此學會分享，反而更堅定「保

衛家園」的決心，一次比一次更嚴密看緊所有「我的」財產，循環之下倒真的會演變成自私、自我的偽君子。因此，**勿強迫孩子轉變**，順水推舟往往比逆水行舟來得省力也有效，那麼，要如何潛移默化，教化這唯我獨尊的「我之獸」呢？

父母在察覺寶寶的自我意識開始浮現後，便可以在日常生活中**幫助他澄清對所有權的認知**，帶他確認週遭事物的從屬。像是告訴他「這是小寶的杯杯」、「這是小寶的球球」……，但是切記要適時加入非「我」的所有權做比對，像是指著他的小床說「這是小寶的床」之後，隨即指著爸媽的大床說「這是爸爸媽媽的，不是小寶的床」。以否定句強化不是所有物權都是「我的」，再以問句確認小寶貝已經瞭解並接受這個觀念：「這是誰的彩色筆？」「我的。」「不對，這是哥哥的，你的在那邊，這是哥哥的。」讓他自然而然體認有你有我有他的概念，遠比臨到頭來硬要他接受一堆說法來得有效。

在孩子能分辨事物所屬後，父母應進一步**示範尊重他人的方式**，也就是在使用他人物件時，應先徵求對方同意。所以你會說「小寶，媽媽可以借你的彩色筆寫個字嗎？」相信他會很樂意，但如果他不願意，也不可以勉強或責備。相對地，要求他同樣地尊重他人的所有權：「哥哥的書要問哥哥可不可以拿。」「姊姊的色筆這次不想借你，我們先用自己的彩色筆，下次再跟她借吧！」當然難免會碰上茅坑裡的石頭，不能得逞便僵在那兒，但是父母親大人可千萬別心軟，也別質疑這麼小的孩子懂什麼？放心，他會懂的！

在行之於己稍具成效後，開始試著推己及人時可不是一蹴可及的。對於家人，孩子總會比較寬容，畢竟這包含在他的「大我」之中，可是對於外患，從來沒照過面的就要拿我的東西，哼，門兒都沒有！因此，在幫自己心理建設之餘，如果可能，最好能幫周遭的親朋好友們洗腦。當然並不是要貼公告昭告天下「家有兩歲我之獸」，而是請他們能**諒解「萬一」的狀況**。記得我在兒子很小時，曾帶他造訪有此年齡孩子的友人，當時心裡嘀咕著「這孩子怎麼這麼小氣，玩什麼都要來搶。」未料到了兒子兩歲多時，自己也免不了在一旁追著要兒子「借小朋友玩一下嘛！」這對於是老大或獨生子而言，尤其難以理解為什麼要「分享」？自出生以來，我所知的一切就是「我的」！因此要踏出這一步的確步步維艱。

平時在家也何妨自行操練，先以提供取代性物件借取：「小寶，姊姊的彩色筆借你，你的蠟筆也借姊姊用一下。」雖然失去了「我的」，卻得到了「她的」，有得有失，似乎失的不是那麼不可忍了。但是**尊重仍是重要原則，同時必須信守協定**：「姊姊，時間到了，妳該把蠟筆還給小寶了。」一開始最好讓所有物在小人目光可及之處，以鞏固他的安全感與信心：「我的」東西不會不見，也間接鼓勵了他分享的意願。其次再推行「輪流」，這時不再以物易物，除了「共享」，還必須「等待」，可預見的是孩子可能不接受，或以吵鬧方式來爭取獨占。但父母們萬萬不可屈服，否則功虧一簣，日後孩子便知道，吵鬧是萬靈丹而絕不會放手了。

不要、不要、我不要！

「不要！」——「又來了！」媽媽實在是又好氣又好笑，起床到現在，已經聽小寶說了好幾次不要了。實際上，也不只是今天，這一陣子小寶簡直成了「我不要」寶寶，問他什麼，十之八九都回答「不要」。從吃什麼到穿哪件衣服，甚至坐哪張椅子、看哪本書，「不要」好像成了唯一標準答案。心情好時還能任他否定，爸爸有時聽煩了，好幾次要上演全武行，都被媽媽勸了下來。固然媽媽自己還去安撫爸爸：「小寶只是說著好玩，一下子就過去了。」卻不免在心裡嘀咕：「不是到青少年時才會有反叛期嗎？怎麼現在才豆點兒大就開始唱反調了？」尤其前一陣子過年時帶小寶回娘家住了兩天，外婆到後來忍不住唸了一句：「這孩子怎麼這麼拗！」還好是自己的媽。可是下禮拜換成公婆要來住，小寶若還是開口閉口的「我不要」，可就一點都不好玩了。「鈴……」電話鈴聲打斷了媽媽的思緒，話筒那端傳來爸爸的聲音：「我看晚上不用煮了，我們帶小寶出去逛逛吧？」「不要！」媽媽脫口而出，之後自己不禁也愣了一下：怎麼我也變成「我不要」媽媽了？

寶寶兩歲左右，爸爸媽媽會發現，有一陣子「不要！」簡直成了他的口頭禪，要他往東他偏要往西正是最貼切的形容詞。這對父母親而言，往往是莫大的震撼，才開始覺得「教」比「養」重要時，孩子竟然一開始就「不受教」，而且這麼小就這麼叛逆，這還得了？碰上傳統「養子不教父之過」的觀念作祟時，難免會演出「大的叫，小的跳」的家庭鬧劇。為什麼這麼小的小人會凡事都否定你呢？他的「不要」是真不要還是假不要？要怎樣才能教出聽話的乖小孩呢？

如果這一連串的「不要！」是發自於十來歲的青春期兒女，爸爸媽媽似乎就較能接受了，甚至還會告誡自己：「這是青春期必然的現象，要多忍耐。」那為什麼發生在兩歲的娃兒身上時，卻要如此大驚小怪呢？其實，不盡然青春期時才是名正言順的反抗期，「兩歲小孩狗也嫌」，在國外也有所謂「terrible two」（可怕的兩歲）的說法。兩歲左右是成長的一個重要關鍵，孩子開始確認自我，是這個時期看似反抗的內在意義，而說「不要！」讓這個丁點大的小人開始意識到：我可以充分行使我的自由意志，不需要完全聽從、順服大人。實際上，這也是無形地向爸媽宣告，寶寶小歸小，他可是個獨立的個體，而非大人的附屬品喔！這對深具傳統觀念的東方父母而言，恐怕更是難以接受。那麼好不容易養到個乖寶寶，該是可喜可賀的囉？其實不盡然。不管在幼兒期的第一反抗期或是青少年時的第二反抗期，沒有顯著的抗爭、溫和不傷人、內斂寡言的孩子在長期的觀察中顯示，他們較有可能成長為沒有主見，或是凡事「不知道」、「想不出來」的隱形人。因此，反抗是有意義的，就像彩蝶，孩子經由一陣的衝

撞、掙扎後才能破繭而出。當然，在這過程中必然引起摩擦，但是由這些摩擦當中，孩子也學得體諒、尊重他人，以及控制自我的能力，從而形成重要的自我人格。不過，並不是所有孩子的「不要」病毒都是在兩歲時發作，或早或晚，有時還會反覆出現。當然每個人的症狀也不盡相同，有的只是偶爾嚷嚷，有的卻是成天「不要！」「不要！」地掛在嘴上，就算再不主張威權的父母，總難免有時還是會受不了。那麼要如何才能不至於扼殺了寶寶「自我」的小苗，還能更進一步引導這柔弱的嫩芽，讓它長成有形有格的綠樹呢？

我現在知道，當我要做的事跟爸爸媽媽要我做的不一樣時，我可以說「不要！」他們喜歡的東西我不喜歡時，我也可以說「不要！」

我不必讓別人來告訴我做什麼，我可以自己決定我自己，我就是我，我不想、不喜歡時就可以說「不要！」可是為什麼每次我說「不要！」時，大人好像都不太高興，媽媽會皺眉，爸爸有時還會大聲說：「不可以什麼都不要！」奶奶更是瞪大著眼睛說：「小孩子要聽大人的話。」為什麼小孩子要聽大人的話？我知道我自己要做什麼，為什麼大人不聽我的話？我會走路也會講話，我不必一定要有大人才能做我喜歡的事，爸爸媽媽跟我是不一樣的，我就是我。我還是喜歡給他們親親抱抱，可是我要做我自己，不是一直聽爸爸媽媽的。我會做，也想做我自己，所以爸爸媽媽，不要告訴我要做什麼，我不要！

除非是具有危險性，會危及自己或他人的事物或行為，否則請爸爸媽媽盡可能容忍，或甚至進一步**接受寶寶的「不要！」**——要他穿這件衣服他偏選那件、叫他坐下他偏站起來、找他看書他卻跑去看電視……，這些時候的「不要！」其實無傷大雅，有時候大人也會這樣，就讓寶寶過過「不要！」的癮吧！但是拿著尖的東西請他放下、搶別人的玩具請他歸還、過馬路時要牽他的手等這些時候，對於寶寶的「不要！」就要堅定回答「不可以！」因為這些時候允許他的「不要！」不是容忍，而是縱容了，並且**縱容的結果可能危及寶寶自己或他人**。因此劃定明確的戰場，不必斤斤計較於寶寶的每一個「不要！」否則在疲於奔命之餘，恐怕是爸爸媽媽也要大叫「不要！」了。

其次，爸爸媽媽應該讓寶寶知道，他的「不要！」並不能放諸四海皆準，而是有限度的。換言之，**設定明確的尺度標準是必要的，而且必須是時時一致的**，不可以朝令夕改，或因人而異，當然也不可以屈服於寶寶的哭鬧。因此生病吃藥時的「不要！」就沒有通融的餘地，吃東西前該洗手也不能接受他的「不要！」一次兩次也許寶寶還不死心地跟你奮戰，但是在爸爸媽媽的堅持之下，他終究會認清「不要！」的限度，同時認知一定的「規矩」。當然這並不是要爸爸媽媽施以軍事統治來讓寶寶「懂規矩」、「當好孩子」，或是相反，為了減少他的「不要！」而刻意去討好他。尤其現在孩子生得少，各個都被捧在手掌心裡，如何讓孩子「知道分寸」，同時能夠面對不如己意的事情，就得靠睿智的爸爸媽媽來引導了。

實際上寶寶的「不要！」高峰期只會延續一小段時間，通常大約一、兩個禮拜到一、兩個月。這是寶寶開始意識到「自己」的重要時期，因此「忠於原味」是他之所以把「不要！」一直掛在嘴上的基本動機——他**正學習如何表現自己的主張**呢！當他確認他的「不要！」可以被接受，也就是別人和他自己都能認可他的「自我」之後，他的「不要！」發作的頻率也就會慢慢降低了。因此**處罰在這段期間絕對不是好方法**，勉強孩子壓抑自我主張，固然小時候聽話，但可能反而像火山一樣醞釀在內，要嘛也許在青春期的第二反抗期時以更激烈的方式爆發出來，要嘛因為習慣於壓抑，而永遠無法充分地溝通、表達自己的主張，任何一種都不會是父母希望的，對吧？

那麼難道父母不能打不能罵，只能任君宰割，默默地接受他的「不要！」嗎？親愛的，讓我們好好運用現在式的對話吧！重述一次寶寶「不要！」的內容，但是替他加上「現在」兩個字，一方面讓寶寶和你雙方都**確認他是真的不要，還有不要什麼；同時為他找個台階**，他是「現在」不要喔，所以你可以一再地給他改過自新的機會，讓他即使下一分鐘就要了，也不至於好像不能忠於自己地下不了台——大人都會愛面子了，何妨替小人也搭個小樓梯呢！所以爸爸媽媽們，請記得這麼回答寶寶的「不要！」:「好，媽媽知道你**現在**不要吃這種綠綠的豆豆，媽媽知道了。」當寶寶知道自己的意思清楚地被對方瞭解並且接受時，他便不會無理取鬧。同時無形中由於你的示範，讓寶寶知道如何充分**完整地表達自己，並且相對地能尊重別人不同的意見**。話雖如此，當周圍的大人有人並不認同這種想法或做法時，可能需要

我自己！

「噯，媽媽幫你扣啦！」媽媽心急地伸手要替小寶把衣服扣好，「我自己！」小寶不依地把身體扭轉開。「哎喲，拜託大少爺，媽媽要來不及了，你這樣要扣到民國幾年哪?!」媽媽說著又試著要替小寶扣好衣服，「我自己！」小寶不只更大聲，還站起身跑到另一邊，「你這小孩，……」「好啦！好啦，就讓他沿路慢慢扣吧，不是來不及了嗎？就別浪費時間跟他計較啦！」爸爸拎起小寶的書包外套，招呼一家子出門了。「什麼都我自己我自己，最近他老是堅持一堆事都要自己做，能做會做的也就罷了，還不會的也要逞強。」下樓時媽媽還是忍不住唸給爸爸聽，「小孩願意自己做些事很好呀，你也不必擔心他做不做得來，讓他試試看嘛！」爸爸倒是不以為然。「可是有時候做不了時他就僵在那兒，要幫他也不要，像頭牛似的。像那天，他想把積木疊高，可是一直垮下來，我去幫他扶一下，他還把我的手推開，還是那句：我自己！──唉，幫他還不領情。可是呢，一直疊不好他又自己生悶氣，最後乾脆把積木給推倒，然後過一陣子又要回去再堆，就這麼反反覆覆的。」「很好啊，堅持到底不放棄。」爸爸還是持正面看法。「你啊，就是好好先生，什麼事都往好處想，大家都像你這樣就天下太平囉！」被爸爸的好脾氣降溫了不少的媽

媽，不禁伸手戳了戳爸爸，同時蹲下身來親了小寶一下：「看在你老爸份上，不跟你計較，『我自己』小朋友。明天還是給你穿T恤好了，套了就走，省得扣來扣去的。好啦，媽媽上班囉，bye-bye！」

孩子長大後，爸媽常會抱怨：「自己會做的事都丟著，像小baby一樣。」可是在孩子小時候，卻又常聽見父母親們在自認是幫忙時告訴小朋友：「你還小，這個你不會，我來幫你。」這種矛盾在孩子兩歲多首度達到顛峰。一臉稚氣、乳臭未乾的小娃兒開始每件事都要「我自己」，從吃飯到穿鞋，從堆積木到扣衣服，口口聲聲「我自己」。父母親一方面欣慰於孩子的自動與勇氣，又不免在眼見小人兒「一試再試做不成」時想助一臂之力，卻往往遭到小勇士的拒絕，繼續他義無反顧的「我自己」。因此家中如果同時有個叫不動的大少爺，和這麼個時時嘗試不可能任務的「我自己」寶寶，爸爸媽媽可能在又好氣又好笑之餘，還要大嘆「該自己做的人不會自己來，還不會的反倒天天唸著我自己，要是能倒過來豈不就好？」

兩歲左右的孩子常有一連串「我不要」、「這是我的」等等自我中心的言語行為出現，「我自己」也是類似的症狀，當然，潛在的病因也是一樣，小寶貝開始不斷地探索自我，發現自己的新能力呢！這應該是好事吧？尤其就「我自己」這項症狀而言，似乎比「我不要」、「這是我的」較不令人頭疼，父母親不是都

希望孩子能自動自發、勇於嘗試嗎？寶寶願意自己去做，還有什麼好煩惱的？相對於大孩子的叫不動，為什麼爸爸媽媽反而未必樂見小寶貝的「我自己」呢？癥結就在於大孩子或大人已經具備行使或操作某項動作的充分能力與知識，小娃兒卻未必。因此，大朋友是「非不能也，不為也」，而小娃兒卻是「非不為也，不能也」，所以在小寶貝一疊聲的「我自己，我自己」時，父母往往卻回以「不可以」或「你還不會」，但事實真的是如此嗎？有時冷靜想想，許多事似乎是爸爸媽媽先入為主地認定小寶貝做不了，其實並非他不能或不會做。曾經在戶外寫生時看到同時帶著

我覺得「自己」好棒！以前好多事情都要大人幫我，現在我長大了，我會自己做喔！雖然有些事我從來沒做過，可是我一定要自己做做看。我不要媽媽幫我挾菜菜，我要自己弄——菜菜掉在桌上，我再挖一次……看，我自己會弄菜菜了，我真的會自己弄喔！扣扣子就沒這麼快了，我的手指頭要很用力地捏緊扣子，還要很小心地把扣子從衣服的小洞洞塞進去，可是塞了好多次，它還是跑不過去，討厭，我好生氣。媽媽要幫我，我不要，我一定要自己扣，我可以的，我長大了，我會自己做很多事的。可是為什麼大人們還有哥哥姊姊們都可以做得又快又好，我一定要再做一次，我也可以像他們一樣，自己做每件事：我不要別人幫我，我自己要做，這是我自己的事——哇！積木又倒了，生氣，生氣！媽媽又要來幫我放，不要不要，我可以的，我要自己做嘛！

大小朋友的父母們，一個勁兒地阻止剛會走路的娃兒去拿水彩筆：「你還小，不會畫，等你長大再畫。」最後要嘛是在這驅離過程中，小的不慎撞翻了水桶，大的跳起來，父母焦頭爛額地收拾之餘，難免再唸兩句「你看，就說你還不會吧……」不然就是小的被強制驅離，硬抱離現場時不依地嚎啕大哭──可惜哪，也許就此扼殺了一個畫畫天才！實際上，畫圖無所謂會不會，其中的盲點只在於怕干擾了大孩子，因此何必執著於「小的就是不會」的迷思？許多「你不會」的說辭到底是大人認為的，還是小孩真正的不會？因此，何不讓孩子在企圖「我自己」時，放手讓他一試？父母親這時可能又有疑慮：「要讓他試多久？有些他根本就是做不來呀！」「太危險了，他要拿剪刀耶！」「我可沒那麼多時間等他慢慢試。」如何能在滿足小寶貝「我自己」的成長發展之餘，也能讓爸媽們知所進退，讓大人小孩相安無事呢？

重視過程而非結果可能是父母親大人須好好心理建設的，兩歲左右的孩子無論在生理或心理成熟度上，可想而知當然還不足以成就什麼樣的豐功偉業。因此他絕對不可能一次就成功地把飯菜挾得好好的，也不可能一次扣完所有的扣子，在疊積木時總是會來個大地震……但是，他在試、他在努力地試，試著做大人們順手就能分毫不差完成的小事，因此請父母們為他在這過程中所付出的努力與嘗試加油。想想看，換了你可能沒有這樣一試再試的耐性，或者至少，丟不起這「一試再試還是做不成」的臉吧？因此，不要計較小寶貝「怎麼還是不會？」「怎麼耗這麼久？」而要鼓勵他「再來一次」吧！

其次，**明確的讚美**會是很好的正向驅動，「我自己」的目的是讓孩子完成探索——探索自我也探索環境：我是誰？我能做到些什麼？這件東西／這個地方是怎麼回事？……孩子不可能一次成就目的或得到答案，因此在過程中要請父母明確地指明他的成就，「哇，寶寶會自己扣扣子了！」——雖然他把上面的扣子扣到下面的洞；「哇，寶寶會自己穿襪子呢！」——雖然他穿了一隻白的一隻綠的；「哇，寶寶會自己挾菜了！」——雖然一大半是掉在桌上。不必計較他未達成的部分，而要突顯他成就的項目，或是你希望他努力的方向：「這次小寶好棒，把積木疊得好高，下次我們讓它不要歪來歪去，就可以疊更高喔！」

當然就像前面提到的，不可能每件事都能讓孩子為所欲為，因此**設定限度**是必須的。基本上，**安全仍是最大考量**，無論是孩子本身或他人，「不傷及自己和他人」是最高指導原則。因此，孩子企圖爬上流理台幫你煮菜，告訴他「去拿個小椅子，不可以爬上來」——一方面滿足了「我自己」去拿椅子，同時明確告知他權力範圍。當然，同樣地在小寶寶要「我自己」剪紙時，把小朋友的安全剪刀給他的同時，要讓他知道大人的剪刀是「不可以拿」的。實際上在操作剪刀的過程中，爸媽們往往會碰上小朋友操作不順當，卻仍執著於「我自己」的衝突中，因此，**化繁為簡、就孩子的能力示範可行的方式**是另一大原則：引導孩子如何拿剪刀，或是在他試圖剪下一個線條繁複的圖案時，請他剪個大概即可。摺衣服時小朋友要參一腳，教他把袖子撈到衣身上放平，再把衣身對摺——別擔心，他可以摺得很好——在成就寶寶「我自己」的能力之餘，爸媽也多了個小幫手，何樂不為？當

然，難免碰上寶寶吃不下還是要硬吞，堅持要做能力不可及的事，或是執著於他自以為是的方式。好好告訴他較好的處理方式，如果他不接受，告訴他「那你試著做做看，要幫忙就來找媽媽。」讓他自己試吧，當他需要你時他會來找你的；由嘗試的過程中，他會學到更多。說服自己不要過度干預，否則在孩子一再的「我自己」拒絕你的善意後，無論是親子反目地吵了起來，或爸媽內傷自覺好心沒好報，可都是反效果喔！

當然，在父母親有時間有心情時，這一切似乎都可以接受，但是反之，趕著出門或忙昏頭時，可能「這樣不對！」「我來比較快啦！」「你這小孩怎麼這麼不聽話」等等的負面說法就很容易出口。因此**觀察時機，善用轉機**，是要提醒父母知所變通，避免爭端。趕時間時如果可以，在前一天晚上先讓孩子挑好衣服，或協議好你幫他穿這件，他自己穿那件，要吵起來也不至於耽誤第二天的行程。孩子陷在「我自己」的方式中無法突圍而惱火時，邀他吃個點心或去公園玩，相信他會很樂意的，因此，別讓自己也陷入孩子的僵局中，而是要適時拉他一把或推他一下。**讓他保有「我自己」的原動力，嘗試他能力所及的事物**，隨著他知能的發展，寶寶的「我自己」也真的能逐日成就愈多的喜悅。而不要太完美地事事要煩憂代勞，當寶寶習慣於父母代為擔待、執行日常事務時，恐怕爸爸媽媽們反而喪失了「我自己」，而終日忙於當孝子——孝順子女了吧？因此，幫助寶寶好好發展「我自己」，父母親們來日也才能多享受一下自己喔！

我還是愛哭鬼

「小寶，怎麼了？」聽到剛進門的爸爸這樣問，坐在沙發上抽噎的寶寶，更是理所當然地放聲「哇！」大哭起來。「小寶怎麼自己在這兒哭？」爸爸一邊拍著小寶，一邊問著從房裡出來的媽媽。「唉，還說呢，今天不曉得鬧了幾次了，一不如意就哭，我只好躲到裡面才能耳根清靜。」「會不會是不舒服？」「沒有啦，我都測過了，都正常。他這一陣子都是這樣反覆耍性子，變得好愛哭，真受不了，乾脆送他去上學算了，讓老師去教。」媽媽有些氣餒。「嗳，他還太小啦，再說，小孩難免耍耍脾氣……來，小寶，跟爸爸說，你為什麼哭啊？」「我……我……媽媽罵……」「什麼我罵你，還不是……」母子竟然又要開戰，「好啦！妳呀！你讓小寶說說怎麼回事嘛！」「有啊，我叫他說，要嘛憋半天不說，要嘛嘟嘟囔囔地說不清楚。」「他才剛會說些話，難免說不清，我來跟他談……咦，小寶呢？」原來小寶早已溜下沙發，跑去玩玩具了。「好吧，那就暫時休兵。」爸爸鬆了一口氣。「等著吧，不久就又會再演出下一場囉！」媽媽先給了預告——「真的嗎？」

哭，是一般人對孩子的預期──哪有孩子不哭的？但在接受度上，則似乎有差別待遇：小 baby 哭是理所當然，而可想而知的理由包括肚子餓、不舒服、要換尿布……，大一點的孩子哭好像就沒那麼獲得認同：要什麼就說啊！尤其是對男孩子：男生怎麼可以愛哭？要勇敢！似乎哭是隨著年歲增長而會逐漸喪失的權利。而對於常以哭泣發洩的人，「愛哭鬼」更是大夥直覺地會脫口而出的封號。理智上大家都認同哭是健康的情緒發洩，但在面對一個愛哭的孩子，父母親的理智常會崩潰。雖然知道應該冷靜面對，但是……天啊，不要再哭了！

孩子在兩歲左右，父母親會開始輪迴在孩子「鬧情緒」的困擾中。常見的典型是孩子為了芝麻綠豆大的事開始吵鬧，父母的情緒也跟著高漲，而後演變成孩子說不清，父母也跳不出，結局是孩子開始哭，父母當然更難以忍受。收場的方式可以是息事寧人──大人心軟或不想再計較；也可能是威權強迫終止──大人喝令孩子不得再吵鬧。但是孩子為何鬧情緒的癥結仍不得解套，因此三不五時仍會爆出類似的火花。但是這樣的情勢似乎在孩子大些時會漸有改善，為什麼？實際上，「情緒」這個字眼對大人們來說是熟悉的，但對於才剛開始人生旅途的小人兒而言，可是一點都不瞭解。但是雖然不瞭解情緒的意義，小人們可是不用教的自然會開始鬧情緒。而之所以「鬧」，就在於不知其所以然，也不知要如何去面對及處理。

其實有許多時候，大人也不知要如何去排解自己的情緒，更何況是連說話走路都才剛學會的娃兒呢？這麼想時，可能在面對孩子的鬧情緒時就較能釋懷了。再加上兩歲左右的娃兒尚且語

媽媽又生氣我哭。我哭，媽媽生氣；媽媽生氣，我又哭……嗚。媽媽問我哭什麼，嗚……我也不知道，好像是……嗚。後來我就不知道我哭什麼，我只知道媽媽生氣，然後我又哭……。媽媽叫我用說的，我……我不會說，就是，就是……嗚。我想媽媽抱抱，可是她說我哭哭不抱抱，我要先抱抱才不哭，可是媽媽要我不哭再抱抱，我就還是哭……，後來媽媽就不理我，我自己坐著不知道怎麼辦……嗚，爸爸回來問我怎麼在哭——對啊，我在哭啊，我要再哭大聲一點——哇！然後爸爸也問我哭什麼～我不知道哇！每次大人都叫我不要哭，不哭要怎麼辦呢！——要用說的，可是我說了很久，媽媽都聽不懂，我很生氣，媽媽也很生氣，所以我哭，媽媽又生氣，我又哭……嗚，我也不想一直哭啊！可是不哭要怎麼辦？後來爸爸媽媽開始吵我為什麼哭，好無聊，我自己都忘記為什麼了。算了，哭這麼久也很累，我去玩玩具吧！也許爸爸媽媽會吵出來為什麼，再讓他們告訴我吧！

焉不詳，有的固然發展得快而伶牙俐齒，但是大部分仍是口齒不清。能將日常用語說得清楚明白尚屬不易，要他們精準傳達情緒還真是強人所難呢！隨著孩子長大時在語言能力上的進展，他們與人的互動也愈趨多樣，對自我的表達也愈臻嫻熟，情緒宣洩的管道因此得以暢通，自然比較不會「鬧情緒」。但是這並不表示對於由嬰兒期轉為幼兒時的鬧情緒或哭鬧，只能忍氣吞聲或置之不理，「情緒管理」的訓練及早開始，對孩子及爸爸媽媽們都如同領了一把歡樂巴士的鑰匙，能讓大家早日解脫。

何妨先**引導孩子認識情緒**。人的情緒可能分化成數十種，但對於剛開始要認識這麼些字眼的小娃兒，大可不必急於叫他分辨這一樹的枝繁葉茂，只要能簡單分辨主要的枝幹即可。基本的情緒表現可以大分為幾樣，像是快樂、悲傷（太文言了，告訴孩子就是「難過」）、生氣等，以孩子能懂的方式引導他分辨。比如孩子快樂地在公園跑來跑去時，問他：「寶寶現在是不是很高興？」進一步可以在他堆積木時，因總是無法疊高而發火時，讓他認識「生氣」的情緒，由此逐漸引導孩子將情緒的表現及說詞配對，進而讓他能**試著以言語表達自己的情緒**，也就是明確告知別人他怎麼了。在這方面的訓練可能較費時日，孩子可能頂多只會說一句：「我不高興。」然後就開始哭，或是說：「我生氣了。」之後便開始大叫。這時爸爸媽媽們必須多一點耐心，不要急著去制止，**情緒的發洩是必要的**，同時也有助於孩子回復平靜。假使場合不對，那麼把孩子帶開，讓他不會影響到他人，但是允許孩子發作一下，先告訴他：「我知道你現在不高興，等你好些時，再告訴媽媽怎麼回事。」但是如果孩子持續以暴烈的型態表達，便要**適時糾正**：「你這樣大叫，媽媽不知道你要什麼。請你好好說，我才能聽清楚。」如果孩子不能自我控制，那麼隔離是一種手段，請他到別的場所或是父母離開現場。堅持「能平靜下來才能得到幫助」的前提，只要孩子還沒平靜下來，隔離便繼續。反覆幾次後，孩子終究會由這種制約中**學到表達情緒的正確方式**。

當然，人都是情緒的動物，爸爸媽媽也許覺得自己「不是人」，被剝奪了表達情緒的權利——他能大哭大叫，我為什麼不能甩他一巴掌？當然可以，雙方都宣洩了情緒，但是下一次也只能以此模式循環，永遠無法跳脫出僅僅求宣洩的框架，而**朝積極的控制層面去學習**。因此如果爸爸媽媽們能稍加委屈地以身作則，應該可以省去日後周而復始的親子鬧劇。實際上，這個年齡的孩子，一方面由於年齡本身的成熟度，一方面正處於「自我」的高峰，因此真的無從去體認大人的情緒，他只能認知到「自己的」情緒，而無法推己及人。所以如果你期望孩子能將心比心，或者能細膩敏感，可能得候些時日。從另一個角度看，如果孩子能像大人們般知所行止，可能也就不像個孩子了。

當然，在要求自己示範好的情緒控制時，父母親們可以適時地**讓孩子瞭解「爸爸媽媽也是有情緒的」**，但這並不是把大人的情緒赤裸裸地呈現出來，而是讓孩子更完整體會情緒的來向及去處，**「我」的訊息傳達**會是具體地表示：「我覺得頭好痛，我不喜歡你大叫大嚷，我希望你能安靜些，謝謝！」簡單串聯「我覺得……」、「我不喜歡……」、「我希望……」最後加上個謝謝，是很清楚傳達個人感受，但又不流於太情緒化的敘述。久而久之，孩子無論是模仿或是受到薰陶，終究會習慣以這種方式**清楚完整地表達自己的情緒**。當然囉，配合這麼有水準的台詞，請爸爸媽媽務必也要搭配優雅的聲調及高尚的表情，而不是跳起來大聲吼著：吵死了，安靜點！——喔喔，這可就完全走樣了。

因此，切勿在導正孩子的鬧情緒時，自己也用情緒化的字眼及動作，尤其萬萬**不要以情感來要脅孩子**。我一直十分不認同

一個朋友屢屢用「我不要愛你了」來糾正孩子，「你再不聽話，我就不愛你了！」是她常掛在嘴邊的話，但是孩子似乎沒有因此而多聽話。也許太多條件的愛對孩子而言太抽象了，還不如具體告訴他我們希望他達成的行為表現，**正向的引導**永遠比負向的批評責備來得有效。而**溫和但堅定**則是在執行時的不二法門：「好了，你不哭了，安靜下來再告訴媽媽你為什麼生氣。」實際上你會發現溫和堅定的語氣及冷靜的態度不只幫助了孩子，也幫助自己真的跳脫出高漲的情緒，而達到降溫的效果。

最後，要提醒爸爸媽媽們，**不要被孩子的情緒感染**，實際上孩子翻臉如翻書，來得快去得也快，往往大人還沒平復，孩子早就忘到九霄雲外。兒子小時候常在一件「大災難」後，眼眶還掛著淚，就接著要告訴我一個笑話，有時候大人們似乎反而要學學這種能耐呢！當然鬧情緒除了年齡是個關鍵外，個性也有差別。兒子小時候很少無理取鬧，女兒卻是可以很纏綿悱惻地哭上好幾個小時，差別只有音量時高時低，甚至還可以來個中場休息，下來拿個玩具，以免哭得太乏味。尤其當媽媽在「視力範圍」內時，音量更會自動加碼，什麼利誘引導都沒效，一定要靠到媽媽懷裡才能諸罪豁免，還會自己拉媽媽的手去抱著她。因此對付這種感情用事的小人，只能以事後檢討的方式來進行感化。先借助外力來平息她情緒的宣洩，再引導她回顧事件的始末：「剛剛媽媽是不是……，妹妹是不是……」經由這樣的反覆辯證，將事情重播澄清，最後一定會加上一句「那以後妹妹要怎麼做？」由犯案者口中說出自己以後調整的方式後，本案便宣告審理終結，但可別以為從此就不再犯案，只是情節可以漸趨和緩。因此**因材施**

教果真是千古明訓，但目的倒是一致，就是引導孩子明確地表達情緒，進一步達到自省而控制自我。

在倡言情緒管理的今日，最佳的實習場所便在家中。如何能不被小人玩弄於股掌之間，而能反過來引領孩子的喜怒哀樂，父母們在親子互動時需要更多的智慧。情緒管理不等於封閉情緒，學習引發帶動正向的情緒，宣洩排除負向的情緒，才能成就快樂的神仙家庭！

我……我……我要尿尿

「等一下，寶寶等一下！」媽媽飛也似地衝進浴室，拿了小尿壺衝出來時，只見寶寶雙腿叉開，磁磚地上一灘尿正緩緩朝四邊流竄。「唉，還是來不及！」媽媽無奈地嘆了口氣。進房拿了件短褲出來，寶寶仍是一臉無辜地站在原地，一副不知所措的樣子，見媽媽出來，突然冒出一句：「尿尿。」這下媽媽更是又好氣又好笑：「現在才說！對，這就是尿尿，寶寶已經尿下去了。看，地上濕答答，寶寶屁屁也是。好啦，寶寶先站一邊，媽媽先把地擦乾淨，再帶你去沖屁屁。」看媽媽這樣忙進忙出，一旁原來在看報紙的爸爸忍不住說道：「算了吧，我看還是幫他包個尿布。等他大些，自己知道要尿了會先說時再不包尿布，省得這樣折騰！」媽媽抱著剛沖完小屁股的寶寶出來，一邊替他套上褲子，一邊不盡然同意地回應：「嗳，包著尿布，這麼大熱天很難過的。而且他現在已經有進步了，知道自己要尿尿，只是說得慢了點，說完就已經尿下去了。反正現在是夏天，尿了沖一沖也不會感冒。」「我是怕妳麻煩，成天尿個好幾次，妳就得又擦地板又換褲子的忙一圈。」「不會啦，夏天褲子沖一沖，外面掛個一兩個小時就乾透了，再說我準備了好幾件替

換呢！夠用的。」「好吧，辛苦妳了，希望這個夏天過去，小寶就可以不必包尿布了。」「是啊，……」正當媽媽爸爸互相打氣時，只見小寶怯怯地探出頭來，猶豫地叫道：「媽媽……」，轉頭一看，爸媽不約而同地一起驚呼：「你又尿下去了!!」

家有兩歲左右寶寶的父母，除了會深刻體認到源於小人兒自我意識膨脹而衍生的各項症狀：像是成天「我不要！」凡事「我自己！」或動不動脫口而出：「這是我的。」等等，在照顧上，爸爸媽媽也會逐漸意識到孩子長大了，不再成天要人抱在手上，能嘰嘰咕咕像隻麻雀似地成天說個沒完，也能自己踢踢踏踏地兜來兜去逛個不停，雖然還只是個小人，儼然已經成「人」了嘛！因此是不是該去除掉一些屬於嬰兒才算「應該」的事呢？譬如吃奶嘴、包尿布啦，兩歲了這些好像都變成不應該了。就算爸媽自己不覺得，第三者可能都會好心提醒：「這麼大了，可以不必吃奶嘴了吧？」或是明白告知：「該替小孩戒尿布奶嘴了，夠大了！」兩歲多還算在容忍範圍，要是過了三歲還是積習難改，父母親大人就得隨時準備聽到：「這麼大還在吃奶嘴，不要太寵孩子了！」「成天包著尿布，孩子不舒服，大人也多花錢，何必呢？！」……好啦好啦，趁著夏天，就無妨解放一下，要尿尿？就尿下去吧！

有溫溫的水從腳腳流下去……哇！我又尿尿了。「尿尿！」我跟媽媽說，媽媽跳起來，但是跑到一半就停下來：「你已經尿下去了。」——我知道啊！每次媽媽一邊幫我沖屁屁時都會說：「寶寶要尿尿要趕快告訴媽媽。」——好啊，可是我也不知道我什麼時候要尿啊！有時候我在玩玩具時會覺得想尿尿，可是一下子尿尿就跑出來了。然後我叫媽媽，她一定會說：「唉，又來不及了。」我有趕快告訴媽媽，可是尿尿很快就跑出來了啊！媽媽都叫我「還沒尿就要先講」，可是尿出來時我才會知道是尿尿啊！有時候尿出來了，我知道又尿了，就趕快停下來，然後媽媽會擦地板，替我沖屁屁換褲褲。可是再玩一下我又會再尿出來，媽媽都會很生氣，說我沒有一次尿完，怎樣是一次尿完？我只會一直尿一直尿。有時候媽媽一定要叫我坐桶桶，說我該尿尿了，可是我沒有尿呀，而且我也不喜歡坐桶桶，我要去玩玩具……哦哦，我覺得肚子……嗯，這大概就是……「我……我……我要尿尿！」

就算是大人，也曾經有過尿急了快憋不住的經驗，因此對這麼點大的小人，如果能以同理心揣測憋尿是多難過的感覺，應該就較能諒解寶寶何以無法自制了。更何況以**生理結構的發育**而言，要可以及時說出尿尿的意圖而且能稍後才尿下去，不只牽涉到尿尿的意識傳導與反應，還涉及膀胱的成熟度，因此不像我們

這群已經能操控自如的大人們想像中簡單。若是論到上大號，那當然是又更進一步，需要更精良的成就，擴及肛門括約肌的控制，這更不是三言兩語可以交代的，因此也不要奢望孩子能三天兩日就達成大小便的控制。一般而言，小便的訓練可以較快完成，也較單純，因此多半在兩歲左右可以開始，當然較有經驗的長者或褓姆，會說更早就該開始，甚至在襁褓期，在餵完奶後二十分鐘到半小時左右，抱著小 baby，口中發出「噓噓」或「嗯嗯」的誘因，來讓寶寶養成固定解尿排便的習慣。但相對地，也有父母是採自然法則，無為而治，因此即便到了五歲，還讓孩子包著尿布。其實小便訓練一點都不困難，尤其趁著夏天，經過一陣子的訓練，寶寶多半能卸下胯下大患，清爽無負擔，頂多睡覺時才需包尿布。因此炎炎夏日，爸爸媽媽何妨採取行動，讓寶寶「清涼一夏」！

雖說兩歲左右就可以考慮開始小便控制的訓練，但不盡然每個孩子的成熟度都相同，因此**訓練的時機**也因人而異。但無論如何，爸媽可以先測試一下寶寶對尿尿的意識指數，也就是寶寶對「尿下去了」的反應。所以每當寶寶尿下去換尿布時，可以告訴他「寶寶尿尿了」，之後可以問他「寶寶怎麼了？」他應該會回答「尿尿」，這表示孩子已經知道這就是尿尿。等到他會進步到在尿下去時說出「尿尿」時，表示寶寶已經完全意識到自己在尿尿，這時便是可以開始訓練的最佳時機。無論寶寶是否剛好兩歲，之前或之後的那個夏天是天賜良機，準備幾件較舊易吸水的寬鬆棉褲，在地板旁放塊抹布，開始準備完成不可能的任務吧！

就算是訓練，**事先的提醒**可以幫助縮短訓練的時程，因此在寶寶喝完牛奶或任何液體食品後約二十分鐘，爸爸媽媽應該提醒他：「寶寶，去尿一下吧！」並帶他去尿，如果沒有尿出來，一方面告訴他「想尿尿要說喔！」一方面約每隔十五分鐘要再詢問一次。剛開始多半成仁的機率較多，但漸漸地，成功的機率會提升，寶寶會較能在進食後意識到要上廁所。但是提醒歸提醒，千萬別變質成為威嚇：「如果不尿尿就不能去玩。」「一定要尿，你剛才喝那麼多水，怎麼會尿不出來。」試想被逼著尿，你尿得出來嗎？何況是剛開始嘗試訓練小便控制的娃兒，有時他們自己都還弄不清楚自己什麼時候想尿尿呢！如果提醒無效，寶寶還是尿下去了，千萬別在他尿出來時做出驚天地泣鬼神的反應。跳起來或衝過去都會讓他即時煞車，也因此保留一肚子的存貨，在你清理完後又開始解放。因此不要怪孩子「怎麼不一次尿完？」你衝過去時他當然就嚇得把尿收回去了呀！因此讓他尿完後再過去，不必企圖嘗試在看到他尿出來時把他即時放到馬桶上，一瀉千里才舒服，一次解決才能「淋漓盡致」。尿完後把濕的褲子脫下來，隨手用來抹地板，別當聖人，孩子的尿一點都不髒，想想還有人喝童子尿治百病呢！在浴室把尿褲沖乾淨後，再用抹布把地板擦乾淨，頂多三次，地板絕對不留痕跡，也不會有異味。在清理的過程中，孩子自然知道發生了什麼事，因此可以**機會教育**一下：「下次要早點說，就不會把褲褲和地板弄濕了。」但是記住不能變成懲罰性的用語：「都是你亂尿，你看地板……」「下一次再不早說就打屁股！」孩子絕對不會故意尿下去，過度威嚇可能還會造成反效果，增加孩子的心理壓力。即便收一時之效，

可能造成孩子夜尿情形遲延，到大了還容易尿床。相對於威嚇懲罰，**正面的鼓勵**倒是較為受用，剛開始孩子多半在尿下去才會說「尿尿」，即使遲了也要加以鼓勵：「對了，寶寶知道自己尿尿，下次再早些告訴媽媽。」慢慢地，孩子會在尿出一點時便叫「尿尿」，然後可以忍一下，這時可以及時帶孩子去廁所繼續尿完。當然褲子還是難免濕了，但是孩子已經能夠稍加控制，更邁出了一大步呢！

在訓練的過程中，尿意的控制和表達是其一，**坐馬桶的訓練**也是常見的挑戰。往往孩子不是不尿，而是不喜歡坐馬桶尿，這時建議一個很好的替代場所——浴缸。女兒從小給菲傭帶，兩歲前的夏天，我要求開始訓練她小便，但效果一直不是很好，暑假菲傭返鄉探親，我便自己訓練。我上廁所時，便把女兒褲子脫了，抱進浴缸站著，我坐在馬桶上說：「媽媽尿尿，妳也尿一下吧！」果然她就尿下去了，而後拿蓮蓬頭替她沖一沖，順便沖沖浴缸，很迅速方便。之後我鼓勵她：「跟媽媽一樣坐馬桶尿吧！」於是替她買了個小馬桶套環，在旁邊放個板凳，一陣子之後她便能踩著小板凳，自己坐馬桶尿尿了。因此，不必拘泥於一定得坐馬桶，**讓孩子能察覺尿尿的意識才是第一要務**，不必因噎廢食，反而旁生枝節而無法達成目的。

最後，**持續性和全面性**則是應加以堅持的。一旦開始訓練，則應該循序漸進，而不是三天後覺得麻煩先停止，兩天後又開始。此外，對於孩子的照顧者也應要求一起配合，而不至於白天在褓姆家穿尿布，回來後要求孩子尿尿要說，孩子當然不習慣。其實只要開始的時機得宜，小便控制的訓練通常一個夏天就可以

我們是「奶嘴一族」

「嘴嘴、嘴嘴……」被抱在媽媽懷裡的小寶仍然呼天搶地地鬧著。「噓……噓，不吃嘴嘴了，婆婆會罵。乖，媽媽抱，小寶睡覺覺，不吃嘴嘴喔……」媽媽仍然耐著性子哄著，臉上卻不免也顯得疲累不堪。「還沒擺平啊？」爸爸從門縫探個頭，看到爸爸的小寶這下發動第N波攻勢：「嘴嘴……嘴嘴」「好啦，爸爸抱喔，乖。」媽媽將懷中的小寶交給爸爸後，解脫似地躺在床上，爸爸一邊哄著小寶，一邊不忍地問道：「何必呢？吃個奶嘴有這麼嚴重嗎？妳媽要來就得這樣對小寶進行軍事訓練啊，搞得人仰馬翻的。」「唉，你不知道，小寶小時候，媽就反對我給他吃奶嘴，後來是我搬出一堆口腔期等等的理論，才勉強把她哄住。現在小寶已經兩歲了，可就一點理由都沒有了。再說兩歲也真的該斷奶嘴了，不要說嘴巴會翹，帶出去人家都要批評我們這爸媽太寵孩子了，兩歲了還任他叼個奶嘴。就讓他哭個幾天吧，過了就好了。」「兩歲兩歲，好像兩歲孩子就大到要去當兵了。瞧瞧他也才不過這麼點大，才剛會走路，話也還都說不清，吃個奶嘴又沒犯什麼罪。再說，要戒也不是這麼一天兩天說不吃就不吃，總不會一滿兩歲那天就成了拒絕往來戶，不必

這麼緊張兮兮的吧?!……」抱著孩子走來走去，滔滔不絕發表了一場演說的爸爸，這時突然住了口，四下靜悄悄的，聽眾們全無反應，原來母子倆都早已呼呼大睡，小寶終於第一次不吃奶嘴就睡了，只是明天醒來呢？——「再說吧！明天的事明天再解決。」爸爸把小寶放到小床上，看著大床上累得也已昏睡的媽媽，轉身關了燈：「睡吧，晚安！」

兩歲之前的孩子，形象是非常固定的——包尿布、喝牛奶，還有呢？——吃奶嘴嘛！總之，這時候是個十足的 baby，做什麼都是被允許的。怎麼只差個兩年，一切都不同了，兩歲的孩子開始會被要求不包尿布、要斷奶、不用奶瓶，當然——怎麼還能吃奶嘴？兩歲已經會走路、會講話，不再是個 baby，是個孩子了哦！再說，哪有愈養愈回去的，當然是得向大孩子學，要有長進，之後他還得學唱歌、學跳舞、學寫字……怎麼還能包尿布、吃奶嘴呢？所以兩歲就該脫離 baby 的形象，而戒掉尿布、奶瓶、奶嘴，都是幫助他長大的動力——這樣的說法對於全心盼望「只要他長大」的爸爸媽媽而言，似乎是理所當然。所以囉！孩子兩歲了，白天不必包尿布，接下來全力進行——跟奶嘴說 bye-bye ！

對於大人們，或甚至是過了奶嘴期的孩子而言，都很難理解奶嘴這麼一塊小小橡皮的魔力何在。要說像口香糖，也還有點甜味，而且是在嘴裡嚼，技術好還能吹泡泡，奶嘴能變什麼花樣？

嗚嗚，嘴嘴不見了，媽媽把嘴嘴丟掉了，媽媽說不能吃嘴嘴，我好想睡，我要吃嘴嘴……爸爸來了——哇！嘴嘴啊，嘴嘴啊，爸爸快來幫我找嘴嘴，媽媽說我長大了，不可以再吃嘴嘴，為什麼呢？我每天睡覺時都吃嘴嘴，為什麼現在不可以吃了呢？媽媽叫我抱熊熊好了，我不要，我要吃嘴嘴；媽媽說婆婆會罵、媽媽說……哇！我不要我不要，我就是要咬著嘴嘴才會好舒服，才可以很安心地睡覺覺。媽媽抱抱很舒服，玩玩具也很好，可是我還是要吃嘴嘴，沒有嘴嘴我就好難過。爸爸說嘴嘴又不甜，媽媽說吃嘴嘴嘴巴會翹好醜醜，我不管，我只要我的嘴嘴。媽媽說以後都不吃了，不要，我要睡覺覺，我要吃嘴嘴～～

還不能塞進嘴裡嚼，叼著叼著就要鬆弛地掛到嘴角，得不時吸回去，這當中搞不好口水就沿著縫滴下來，嗳，噁心死了，怎麼還會有人吃？可是只要到嬰兒用品部逛一逛，你就能充分感受到它的威力。不只是各個嬰兒用品部必賣，甚至超市、雜貨店都能找到，可見它不只是嬰兒用品，甚至是日常必需品呢！而且從顏色、形狀到材質，都有多種選擇喔！如果不是市場廣大，怎麼可能有人願意投資開發這麼多種貨色？再看看路上人們抱著的奶娃娃，就更印證了奶嘴是千古不垮的永續事業，偷偷問問自己的爸媽，十之八九可能當年你也曾是奶嘴一族喔！

換個角度來看吃奶嘴吧！想想寶寶從出生開始，是不是常去打預防針？通常這些預防針都打到兩歲左右，我們就把吃奶嘴也

當成其中一種預防針吧！它也是大約兩歲左右可以免疫的。當然爸媽們一定會好奇，預防針是預防一些重大疾病，那吃奶嘴預防些什麼啊？現代爸媽都很認真，因此許多便會即時答道：預防口腔期沒獲得滿足啊！小 baby 總是抓到東西便往嘴裡去，這段時期我們便稱為口腔期。如果我們要再更山高水深地去「學術」一番，那麼還可以拖出個佛洛依德先生來談談道貌岸然的心理學，但是省省吧，我們只要把奶嘴的功能列出一項：促進親子和諧，就很功德無量了。寶寶睡前奶嘴一塞，咬個三分鐘勝過搖上三小時，這恐怕是很多父母都有的經驗，至少我就有。其他舉凡哭鬧、不舒服等，一吃見效——哇！簡直跟仙丹似的，既然這麼好用，為什麼還要勞師動眾地去戒呢？而且為什麼挑在兩歲左右戒奶嘴呢？這是因為此時寶寶一方面逐漸脫離了口腔期，不再什麼東西都往嘴裡塞，當然也就可以不必塞奶嘴；另方面寶寶開始會說話，可以用口語傳達自己的意向感覺，需要經由吸吮奶嘴獲得自我慰藉的必需性相對降低，因此兩歲左右不失為一個戒奶嘴的好時機。那麼要如何才能戒得不傷感情又輕鬆愉快呢？

基本上，戒奶嘴不只是一件「事」，而是會影響寶寶這個「人」在心理及情緒方面的變化，因此與每個人的個性頗有關聯。有的寶寶只要爸媽當著面將奶嘴用剪刀剪斷，丟到垃圾桶，便死了心，接受「嘴嘴壞了沒得吃了」的事實。有的爸媽運氣就沒這麼好了：塗了辣椒撒上胡椒的奶嘴，寶寶照樣涕淚縱橫地吃；剪斷了還是咬著斷了的殘根不放；找不到奶嘴換成吸大拇指吸到破皮發炎；沒有奶嘴徹夜嚎叫到爸媽投降……凡此諸多血淋淋的例子，可都是周遭親朋好友實際碰上的。當年自己為女兒

戒奶嘴時，告訴她嘴嘴不見了，她的反應是推我去拿錢——去買啊！直到戒成後好一陣子，帶她到超市都要刻意避開那一區，以免睹物思情，勾起往日情懷。即使許久以後，指著販賣的奶嘴問她：再買一個好不好？她還會靦覥地點頭，可見奶嘴的威力有多大！而也由此得知，別人的經驗不一定準，每個寶寶的個別差異會令**戒奶嘴的狀況因人而異**，當然也因此更變化莫測、充滿挑戰嘍。

雖說兩歲左右是一般認為適合戒奶嘴的時機，但也並非以此為唯一標竿，不成功便成仁。實際上，爸媽可能需先評估寶寶是否準備好了，而不是以「我」為準，因著不願擔負「會被人笑」的包袱，或是「大家都說該戒了」的使命感等大人的標準來論斷，而應以「當事人」的狀況為準。咬奶嘴時帶動的舒服與滿足，多半是心理層面的，因此要觀察的並非寶寶長得多高多重了，而是他在**心理情緒的表達程度**如何；能夠多元表達抒發情緒，需要咬奶嘴獲得慰藉的成分就愈低。以此推論，若語言發展較佳，個性較活潑開朗的寶寶，戒奶嘴可能較「快易通」；相對的，羞怯敏感，語言表達不佳的寶寶，戒奶嘴可能較纏綿悱惻。當然，在寶寶生病時還要他去戒奶嘴則無疑雪上加霜，有點太不人道了，尤其如果寶寶碰上像是車禍受傷甚至失去親人等，對大人而言都是重大事故，就不必執著於兩歲了一定要戒奶嘴。畢竟兩歲只是一個代表性標記，再說兩歲可是有三百六十五天可過呢，不要太死腦筋了。

既然戒奶嘴是剝奪了寶寶的一個「寵物」，總得還人家一個替代品吧！因此，**找尋一種移情物**可以催化這天人交戰的過程，

像是換成抱熊寶寶睡啦，或是把心愛的小汽車放在床邊，如果小女生夢想成為芭比，就藉機告訴她芭比可沒有吃奶嘴喔！但是千萬別嘗試把奶嘴放在床邊，叫寶寶「只看不能吃」，這對大人而言都是莫大挑戰，不要寄望小人能有此成就，戒奶嘴期間還是眼不見為淨，不要讓魔鬼來誘惑天使吧！除了以物易物，藉其他物件移轉或取代奶嘴致命的吸引力外，**生活形式上的改變**也是值得一試的，尤其如果寶寶還沒有固定的睡前儀式時，更可以在此時建立。像是刷牙便是很好的引進時機，刷完後告訴寶寶牙齒刷乾淨了，所以不能再吃嘴嘴了。當然前提是必須把刷牙營造得充滿樂趣，否則恐怕寶寶寧可捨刷牙而就奶嘴，還是不刷牙了。另外，睡前講故事也是一個有吸引力的方式，可以在之前先講個條件：聽故事時不吃奶嘴喔！或試試看更進一步，要求他聽完故事，然後不吃奶嘴睡覺。或是舉故事中的角色來慫恿寶寶把奶嘴收起來，甚至請他把奶嘴「借」給其他動物或玩偶吃：「你吃了好久了，現在長大要當哥哥／姊姊了，奶嘴就借給小熊寶寶吃吧！」總之，讓過程成為戲劇化、有趣化的普級，而不是充斥著暴力、哭鬧的限制級。

善用時空轉換往往也是良策。譬如剛好要出門旅行或有親友來訪住宿，因著孩子對環境轉換的新鮮感與好奇心，可以淡化對奶嘴的關注。並且換了地方，「忘了帶」或「這個地方沒有賣奶嘴」好像都滿順理成章的，不是嗎？當時女兒在家時，知道隔壁超市就有「很多很多的嘴嘴」，可是南下到表妹家就沒輒了，剛好表妹也沒吃奶嘴，所以三天之後回來就順利戒掉了。因此善於利用時空，引身邊的朋友同伴為例，都是值得一試的方式。

最後，**持續性及全面性**也是必要條件，一旦決定開始嘗試，則應該全面昭告相關人士。褓姆或學校的老師等主要照顧者當然必須告知，常來家中的親友也在其中，以免在無意中出現奶嘴的名詞或實物。而正是奶嘴一族的小朋友，在此時恐怕也需暫時拒絕往來，否則試想身旁咬著奶嘴晃來晃去的玩伴，而要自己的寶寶只能望梅止渴嗎？不過放心，這只是暫時隔離罷了，而非從此與眾家親友斷絕關係。既然開始戒奶嘴，就應該持續進行，而不是受不了孩子哭鬧，兩天就偃兵息鼓，或是效果不彰就另日再議。當初「想」幫女兒戒奶嘴「想」了許久，被老公譏為婦人之仁，早些年兒子時代則是一鼓作氣，果真就比較迅速確實。但是一鼓作氣**並非要求速效**，一天兩天就一定得趕盡殺絕，實際上成就此番大事業大約總要一個禮拜左右：前兩天一定是高潮迭起，半夜起來騙吃騙喝，以喝開水等方式替代，或是當人力搖籃晃掉寶寶對奶嘴的哭求。過兩、三天後熱度會降低，再過個兩天大概就退燒了，此時戒奶嘴八成可宣告成功。但可別大意地在此時又令敵人出現，身上拿出個奶嘴：「看，寶寶不吃奶嘴囉！」喔喔，恐怕這就破功了。

其實即使兩歲前吃奶嘴，我們也建議過只在入睡前，一旦睡熟了就拿下，醒著時更是不吃，這樣在想戒奶嘴的時期便容易多了。因此可別在之前任由寶寶沒日沒夜地咬著奶嘴，現在卻又要全面封殺。要達成不可能的任務也該給點時間，以理性漸進的方式進行，而非陷寶寶於絕境，最後哀莫大於心死地因絕望而「放棄」吃奶嘴。曾有朋友在女兒吃奶嘴已經到了片刻不離口時，特別請了三天假在家中與女兒做殊死戰，最後雖然成功生還，可是

小毛蟲，不要動！

「拜託你趕快睡吧，少爺！」睡眼矇矓的媽媽對一旁仍玩得起勁的寶寶說道：「已經快一個小時了，你再不睡媽媽要起來了。」媽媽說著起了身，「不要，不要。」寶寶不依地扭著身體，「那你趕快躺好，眼睛閉起來」……「叮咚，叮咚」，被電鈴聲吵醒的媽媽迷迷糊糊地開門──爸爸都下班了，媽媽不由得大驚失色：「天啊，已經這麼晚了。」「是啊，又被小寶哄睡了？」爸爸很瞭解地問道。「唉，還說呢，每次哄他睡覺都得耗上一大段時間，真奇怪他怎麼有耗不玩的精力。每天爬上爬下、跑來跑去，就是停不下來，就算玩玩具也是三分鐘熱度……噯，老公，你說寶寶會不會是過動兒啊？」「別胡思亂想了，哪個小孩不好動，尤其這個年紀。而且男孩子活動量本來就比較大……什麼過動兒，想太多了。」爸爸頗不以為然。「可是我看書上是這樣寫的啊，就是做什麼事都不能專心，成天像陀螺一樣轉來轉去的……嗯，愈想愈覺得像，我看改天帶小寶去做個檢查好了。聽說現在有什麼量表的可以測，你想……咦，人呢？」原來爸爸早就進房換衣服去了，根本沒在聽。「媽媽……」小寶也起

床了，又該開始天下大亂了……對了，就讓一大一小兩個過動兒湊在一起攪和吧，「老公……」

家有兩歲左右孩子的父母親，可能都曾經懷疑過自己的寶貝是不是過動兒。養第一個孩子，尤其是男娃兒的，「簡直像毛蟲似地，成天沒片刻停的」是常聽到的形容詞。而由於資訊發達，「過動兒」這個名詞普遍為人所知，因此動個不停與過動兒很自然地產生連結，「我的孩子是不是過動兒？」也成了這個時期的父母普遍的疑慮。但是如果有機會與其他年齡相仿孩子的父母聊聊，會發現其實不是自己的寶寶特別好動。把一群兩歲左右的娃兒聚在一起，那簡直就是一窩毛蟲——令人渾身起雞皮疙瘩而當事人卻樂在其中。要說這票叫人又好氣又好笑的小毛頭都是過動兒，八成是言過其實，那麼有可能收服這群神奇寶貝，叫他們安分點，不再四處闖蕩嗎？小毛蟲們何時才會變成蝴蝶呢？

其實有些大孩子，甚至是大人，也都無法真正做到專心，何苦要求才這麼點大的娃兒呢？問問自己什麼時候最專心？——嗯，好玩的事、新鮮的事、有興趣的事啦——那就對了，孩子也是這樣啊！而哪些事會令孩子覺得好玩呢？那可多了，一些大人們熟悉的、知其所以的事物，在不知其所以的孩子而言，可是新奇有趣的，就算是身邊熟悉的一切，也都值得一再探索。所以，玩過好多遍的玩具還是可以一玩再玩、再多的玩具都不嫌多——

衝啊！我的無敵鐵金剛要衝過去殺壞人了——答答答答，發射子彈——趕快閃啊，敵人來了——咻咻咻，跑啊——喔喔，媽媽又叫我不要大聲叫，也不行跑來跑去。那、那就去玩球吧——喔喔，電視上的花摔下來了，又要被罵了。媽媽一定又要說我是小毛蟲，要叫我去坐著，只能看書、看電視，或是玩玩具，就是不能跑來跑去。玩玩積木吧，可以疊高高，然後就會倒下來，或者把它碰一下……對了，把小車車拿來放在上面。小車車呢？——咦，這是什麼？哇，原來我的彈珠超人在這，太棒了，那、彈珠呢？……這不是上次爺爺送我的溜溜球？每次溜下去它都不會跑回我手上，都不像爸爸玩的時候就會，真奇怪，再甩一次……媽媽說什麼？叫我收玩具睡覺，可是我還想玩啊，而且我也不想睡覺覺，每次都是媽媽先睡著——嗯，一定是媽媽自己愛睡覺吧！大人每次玩一玩就會說要休息，我都不累啊，為什麼一下子又要睡覺呢？媽媽還說玩玩具要一次玩一種，為什麼呢？每一種玩具都很好玩啊！媽媽說這樣才會專心，什麼是專心？看到新的玩具，就要趕快去玩啊；有的玩具不見了又會跑出來，也要趕快去拿來玩啊！不玩玩具愛睡覺，大人真無聊！

孩子的世界裡，玩是最重要的。每天一睜開眼睛，就開始了他一天的探索，周遭那麼多好玩的東西，要先玩哪一樣呢？於是大人們會看到小人兒一會兒東一會兒西地玩玩這個又玩玩那個，摸摸這邊又摸摸那邊，成天跑來跑去忙得很。終於大人們忍不住了：

「這孩子怎麼這麼沒定性，都沒辦法專心做一件事！」──噯，爸爸媽媽們，你們也太無趣了，那麼多好玩的事，你們為什麼要死守著一樣呢？──對這個年紀的孩子來說，專心是一個外太空的名詞，大人們就別奢望小寶貝能正經八百地坐下來半小時都不動。實際上，歷來對孩子活動頻率及模式的觀察顯示，如果將兩歲孩子來往於若干物件的動線連結起來，那麼即使在短短的十分鐘內，所呈現的動線只有一句話可形容：一團亂！換句話說，孩子不可能只來回於特定的一兩項物件間，而是幾乎在場的每樣物件他都會去試一試、探一探，再轉往另一項物件，再轉往下一項……，因此將這些穿梭來回的動線全都畫出來時，就像被貓咪撞撒了一地的毛線球──全都糾纏不清！所以不要訝異自己的孩子怎麼像毛蟲，其實別家的也好不到哪去。但是，到底孩子只是好動，或者真的是過動兒呢？

當然過動兒一定好動，但是好動並不盡然是過動兒。實際上要能釐清是不是過動兒大約要到三歲以後，這之前由於孩子大約處於剛會走路而自然帶動的探索期，所以幾乎每個寶寶都是沒停過。尤其對周遭環境，以往只是看得到，現在竟然能自己去摸得到，簡直太棒了！因此爬上爬下，摸這個抓那個是理所當然的。自己尿完順便伸手在馬桶內攪和也沒什麼稀奇。大人們覺得噁心、危險……怎麼會呢？全都好好玩！但是這當中父母親還是可以觀察到一些端倪來初估孩子是否過動。過動是指注意力不足過動症，包括注意力不集中與衝動、過動等症狀。這些在這個年齡的孩子身上無法作為判斷的依據，因此應由日常生活觀察。通常在嬰幼兒期間睡眠時間很短、很早就會走路、情緒起伏很大、

進食及大小便等生理規律性差的寶寶較有過動的潛在現象。兩歲了應該作息都很規律，雖然好動，但大人講的也多半聽得懂。因此如果這時期還時常沒來由地動不動就嚎啕大哭、早睡晚起沒個準、平時像陀螺一樣爬高爬低上上下下的、又像泥鰍一樣抓都抓不住，也就是大家所謂的「磨娘精」，就較需要持續觀察。如果加上有學習困難、容易暈車、敏感等情形，則要考慮是否由於感覺統合失調所引起。幸好現今無論是過動兒或是感覺統合失調，在診斷或治療上都有很完善健全的醫療單位與設備，這些症狀也都能透過專業設計的醫療遊戲得到大幅改善，因此不至於像以往般求助無門，父母親們也千萬不要諱疾忌醫。

當然這些在此時期都言之過早，一般孩子都只是單純的好動。而為了避免爸爸媽媽疲於奔命地追著寶寶的小腳步，何妨試試以下的處方，雖不是萬靈丹，但症狀應可明顯改善。但前提是，爸爸媽媽一定要先**接受孩子的好動不是錯，而是不錯**。孩子小時候我常自我解嘲：「平時嫌他們皮，一旦生病了，乖乖躺在床上不皮了，還巴不得他們起來繼續皮。」所以啊，孩子皮時反而沒事，不皮時才得擔心呢！雖然能瞭解孩子好動不是壞事，但是畢竟老骨頭跟不上小皮球，與其放任他四處遊走，爸爸媽媽不如起而**積極引導參與寶寶的活動**。實際上寶寶會四處遊蕩多半是無所事事，如果「爹地媽咪竟然來跟我一起玩」，那豈不是太棒了。親子同樂不只能增進感情，有大人引導的學習通常也較快易通。但是引導千萬別變質為主導，陪著玩就好，一旦孩子覺得爸爸媽媽不好玩，小心變成拒絕往來戶。而在引導的過程中，要請小毛蟲留步的基本要領就是要**製造趣味**——玩著玩著寶寶無趣

地起身要跑了，這時候熊寶寶出現了：「小寶陪我玩，小寶不要走。」十之八九小朋友一定會回頭。玩著玩著又要跑了：「咦，寶寶，你看這是什麼？」他會不拐回來才怪。當然人家買帳回來，最好真的是有點看頭，而且這招得在必要時才用，否則狼來了喊久也會不靈喔！

除了積極參與引導，消極的也要**減少誘因**。要孩子專心玩一樣，卻任由他把玩具陸陸續續拖出來撒了滿地，他當然會眼花撩亂地無所適從。兩歲了如果還無法要求孩子收拾玩具，恐怕只好老爸老媽當一輩子台傭，跟在後面收拾了。因此要孩子「這樣不玩了，收好才能拿另一樣」是一定要堅持的。一開始可想而知，八成會遭到小人反攻，此時「**溫和與堅定**」是最高指導原則，一次兩次之後，寶寶會知道爸爸媽媽這次是玩真的——大哭不能屈，胡鬧不能移，只能乖乖地把玩具收好。如此不但有助於孩子心無旁騖，也可令爸媽的後半輩子不至於淪陷在成堆的玩具中。

讓孩子**有發洩精力的管道**也是父母要用心安排的。現代文明的生活，孩子活動的時間空間多半都有限，成天關在房子裡，要他不爬上爬下怎麼發洩多餘的精力？帶孩子出去跑一跑、玩玩球，到公園溜滑梯、盪鞦韆等，都是能有效訓練孩子的大肌肉發展，同時讓他充分發洩精力的最佳方式。這個年紀不必急著教他學這學那，也沒有功課的壓力，跑跑跳跳也有助於感覺統合的發展，對於日後的學習反而更有幫助。而且跑跳回來之後，幫寶寶沖個澡，保證他很快就擺平，吃得多睡得好，爸媽沒煩惱。所以，不要總是叫寶寶不要動，相反的，要讓他動個徹底，才能常保大人小孩相安無事。

最後，**自我的情緒管理與心態調整**也是為人父母必修的功課。先生常在國外，身為職業婦女又帶著兩個孩子，我常自我調侃：「一個孩子時要睜一眼閉一眼，兩個孩子就最好兩個眼睛都閉起來，假裝沒看到。」──雖然有時候覺得孩子的玩意兒實在幼稚，但是只要他們覺得有趣就好。而天天喊收玩具，有時兒子的樂高大工程才蓋到一半，就讓他多放幾天吧！有孩子的日子絕對不同於單身，也不同於只有小倆口，亂一點有什麼關係，才有家的味道嘛！這也許有點阿 Q，但是快樂是在家的最終要素。所以，親愛的爸爸媽媽，放輕鬆，找回你的童心，加入孩子的天地，也許你會發現，毛毛蟲的世界也挺有趣的，何必一定要急著叫他變成蝴蝶呢？

最高品質靜悄悄

「跟阿姨說再見啊，小寶。」媽媽推著賴在身邊的小寶，「每次都這樣扭扭捏捏的，一點都不大方……快啊，說再見。」「哎呀，別勉強孩子，大概他跟我還不熟。」「唉，什麼熟不熟，見人要有禮貌。看你們娃娃教得多好，見了人就大大方方地叫，我們這還男生呢……跟阿姨說再見！」被逼急了的寶寶終於從牙縫裡傳出個細細的「再見。」「嗳，大聲點……還有眼睛要看著人家……」媽媽顯然還是不滿意。「好啦好啦，阿姨有聽到了，下次認識阿姨了就要說大聲一點，好不好？」反倒是阿姨不忍心地趕快打圓場。「你們小寶大概比較內向吧，我看他今天在我家都安安靜靜的。不像我們娃娃，一點都不像女生，爬上爬下，嗓門又大得離譜。」「你們娃娃這樣才活潑啊，我還希望我們寶寶像娃娃一樣呢！」「也許是第一次來吧，還是他平常都是這樣？」「平常他就不是很好動，人家都羨慕說這樣子好帶，天知道我才煩惱呢！有一陣子都懷疑他會不會是自閉症，想帶他去檢查，被我婆婆罵了一頓，說他只不過是比較內向，不會有毛病的。」「我看應該也不是。每個孩子天生的氣質不一樣，像我們娃娃是女生但是好動，他哥哥是男生，反而像寶

寶一樣比較安靜，妳想把它倒過來也不可能。也許因為寶寶是獨生子吧，比較習慣自己一個人玩，以後妳多帶他跟別的孩子一起玩，也許就會好一點。」阿姨趕緊安慰媽媽。「我也常帶他去朋友家啊或是公園什麼的，可是大部分他都看著別人玩……反正他也快三歲了，我想過了年就送他去上幼稚園，應該會合群一點吧！」「別想那麼多了，以後有空就常過來嘛，大人小孩都有個伴。」「好啊，我們得走了，小寶，跟阿姨說再見——噯，算了算了，不自找麻煩了。」「是啊，別為難孩子了。我們大家一起說再見吧！」

相對於受不了孩子的好動而懷疑他是過動兒，有些父母反而是擔心內向安靜的孩子是不是自閉，動與不動都很傷神，真是父母費心，孩子也難為。其實在大人的世界裡，周遭不乏有外向內向的各類型親朋好友，似乎從來也沒怎麼會招致太多的責難，頂多只會被下個「噯，他就是太內向／外向才會這樣……」的註腳。對大人這麼輕描淡寫，碰上自己的小孩怎麼就很放不開——「唉，這孩子太皮了，實在是沒規矩。」「那孩子實在太安靜了，會不會有問題？」一樣米養百樣人，本來人的個性就如同長相一樣各不相同。如果每個人都像彈珠似地成天沒個停，大夥兒八成像保齡球似地動不動就來個全倒，但要是大家都安安靜靜的互不相干，日子大概會像喝白開水吧？就是因為有這百樣人，人生才成為彩色的，可是怎麼落在自己家人身上，就怎麼也不對了呢？

每次碰上要我說說對孩子的期望或祝福時，總是很自然地冒出：平安、健康、快樂──天下父母心，無論在懷孕時曾盼過他／她多麼貌美如花、聰明絕頂，在孩子出生的剎那多半只剩下一個：健康正常就好。在孩子成長的過程中更是如此，因此別人沒注意到的，當爸媽的一定了然於心，而別人認為無所謂的，為人父母的還是得弄個清楚。所以啦，太好動在別人認為只是比較活潑，但爸爸媽媽就會開始懷疑：他是不是過動？太文靜人家都說好帶，老爸老媽偏要煩惱會不會是自閉症──唉，真是瞎操心。但如果真的是庸人自擾倒也天下無事，怕的是有時對某些症狀認識不清或自欺欺人而錯過最佳治療時機。像是過動兒和自閉症，大家八成都聽說過，可是它們的典型症狀是什麼，恐怕很少人能說清楚講明白。於是看著家中爬上爬下的老大心裡猛犯嘀咕，看到總是悶不吭氣的老二心裡又直發毛──天啊，過動自閉都被我碰上了。實際上呢？父母認為皮到受不了的小毛蟲，十個有九個不是典型的過動兒，扭扭捏捏的悶葫蘆也十之八九不是自閉症。正確認識有助於及早發現，而不是道聽塗說或杯弓蛇影，沒事嚇自己。那麼到底孩子只是內向還是真的自閉呢？

相對於過動兒在三歲以前不易判定，自閉症倒是在兩歲半左右就能確認，父母或最親近的照顧者往往很容易察覺自閉兒的與眾不同。由布魯斯威利主演的電影《終極密碼戰》（*Mercury Rising*）當中，輕易破解重要密碼的小男孩就是典型的自閉症兒童──說話時眼睛不看人，即使面對面說話，你也不覺得他在看你，這是自閉症最易被察覺的特徵。但這又不同於害羞地不敢

又來了，又要叫我跟別人說話。每次碰到人家，媽媽都要叫我：「說話啊……」說什麼嘛，我又不認識他們，就算認識，我也不知道要說什麼——「叫阿姨啊……」「叫叔叔啊……」「說再見啊……」——大人真奇怪，為什麼每次都要叫啊叫的？——「這樣才有禮貌。」禮貌是什麼？就算我叫了，媽媽還是要說：「大聲一點。」——還有還有，每次媽媽還要叫我：「眼睛要看著人家。」可是我……我不敢看，也不想看嘛，我只想趕快回家找我的熊熊。媽媽時常說我要多跟小朋友玩，我也想啊！可是我不知道怎樣跟他們玩。而且他們有時候會把我的玩具拿走，有時候又跑來跑去的好大聲，我喜歡跟我的玩具玩，或者自己玩也很好啊！媽媽總是要把我推去跟小朋友一起，然後又要看別人有沒有弄我。回家的時候還偷偷告訴我，那些小朋友都亂跑亂弄，只有我最乖，那為什麼又要我學他們，跟他們一起玩呢？有時候爸爸媽媽沒空時，會叫我一個人玩，可是我想自己玩的時候，他們又叫我要去跟別人玩，——唉，大人就是很奇怪！

看人；害羞通常是對不熟悉的人，但自閉症的孩子往往對任何人，甚至自己的父母、家人都是如此。一般困擾父母的小孩愛抱愛黏人，自閉症的孩子則完全不然，甚至某些自閉症寶寶在襁褓時即可發現他常玩弄自己的手腳、發呆、對人少有反應、也不喜歡被人抱。而在語言發展方面，延遲性、重複性的仿說更是一大特徵。鸚鵡式地重複你的問話、自言自語，並且腔調不同，像是機器人似地，總之，語言在自閉兒身上似乎不是用來溝通與表達的。當然在成長到應該會與同伴一起玩的年紀時，自閉兒還是封鎖在自己的世界裡，對周遭孩子的玩樂總視若無睹，也因此被稱為星星的孩子，因為他們就像星星一樣，雖然看得到卻冷冷、遠遠的。此外，儀式化的生活常規也是星星兒的明顯特徵，所以在《終極密碼戰》裡，你會看到小男孩總是放學一進門就說：「媽，我回來了。」然後去泡一杯熱巧克力，再上樓去看一本字謎，每天如此，即使在目睹歹徒槍殺了雙親後也無法改變。正由於自閉兒有許多異於常人的特殊行為表現，因此多半家人或親近的人能輕易察覺孩子的異狀，只是往往會陷於要不要面對現實、尋求診治的矛盾心境。因為一般人總會將自閉症聯想為智障，其實不然。就像《終極密碼戰》的小男孩竟然能破解國家重大密碼，而在電影《雨人》中，達斯汀霍夫曼飾演的自閉症者則能記憶一長串的數字符號。實際上自閉症的成因至今還沒有定論，但非常肯定的是他們絕非智障，甚至很多都有絕佳的記憶力。雖然星星兒無法融入人間的生活，但經過適當的治療與訓練，還是能自理生活無虞。因此家人們不必諱疾忌醫，而應該把握時機，及時診治。

看完自閉症的描述，爸媽們終於鬆了一口氣：「好加在，我們寶寶只是內向，不是自閉……噯，可是要怎樣才能讓他不那麼害羞呢？」在自閉與過動之間，我們常會發現一個有趣的現象──父母擔心孩子的過動，多半是怕他們對別人造成傷害；相反的，對害羞內向的孩子，則反而擔心別人傷害他，似乎動者強，靜者弱是制式想法。尤其對男孩子，文靜害羞內向似乎是絕

對不宜，只有女孩子才能如此。可是即使推拖拉加上在旁鼓動助陣，原本害羞的孩子往往還是不動如山，沒能改變多少。到底可不可能有效帶動這些害羞寶寶呢？

所謂江山易改，本性難移，在結了婚與另一半相處了一大段時間後，相信許多爸爸媽媽都必須認同這句千古名言。因此對於孩子的天性，必須先抱著**接受而不苛責**的心，否則在日後長長久久的歲月裡，大人小孩都沒好日子過，何必呢？當然孩子能動如脫兔，靜如處子，是身為父母所希望的，可是自己往往都做不到，何況這麼個小小孩呢？而且內向文靜的孩子通常細膩貼心，只是印象中孩子好像就應該跑跑跳跳，天真活潑，因此對於安安靜靜坐在一旁的，總難免要推他去跟一群小朋友混一混。但是有時候孩子如果真的不願意，那麼就別勉強他吧！也許他想先在旁邊看，因為跟他們不熟；也許他不喜歡這種遊戲，也許……，**問問他的想法，尊重他的感覺，也不要拿別人來比較**：「哥哥就比你勇敢，你就是……」「你看人家小明多大方，不像你……」，這些說法絕對不會有鼓勵的效果，反而有減分的結果。

當然，你也可以**試著去引導**他，因為有時候，孩子不是不願意加入，而是不知道該如何開始。尤其是獨生子，因為習慣於一個人，因此每逢需要加入群體時，他們要嘛會太過躁進而顯得極度亢奮，要嘛因為不習慣而不知所措。因此，如果有認識的小朋友在，可以請他來帶你的孩子，或是群體中有較大的孩子，也是很好的引導者。但是一開始，孩子一定會因為不熟悉而頻頻回頭找你，所以請在孩子看得到的地方適時給他鼓勵的眼神，千萬別將孩子推出去後自己就落跑了，那麼可想而知，下次孩子絕對

不要單獨去加入陌生的冒險，而更要把你黏得緊緊的。除了利用現有時機加以帶動，爸爸媽媽在家也可以**模擬一些情境，教導孩子與人相處的技巧**。這時候可以應用布偶當道具：「哇，熊寶寶也出來散步耶，我們跟熊寶寶問個好。」也可以藉著故事的情節加以延伸：「這個小朋友好有禮貌喔，難怪大家都喜歡跟他做朋友。」看錄影帶或電影時當然是機會教育的最佳時機，挑出其中的某個角色做樣本，鼓勵他下次學著做做看。在出門前可以先提醒他：「等一下我們去阿姨家時，你如果先跟她問好，她一定會好高興。」孩子真的做到了，當然要大肆宣揚鼓勵，但如果他臨陣退縮，也不要太過洩氣，更不可以因此責難孩子。想想自己第一次上台說話時多緊張，就可以諒解孩子的心情了。而如果你能適時圓個場：「這次寶寶有跟阿姨打招呼，真是很有禮貌，只是下次要再大聲一點，阿姨才會聽到。」孩子能感受到你的寬容，也會感激你的體貼，因此下一次他會自我鼓勵去達成你的期望。

要改變性格當然不是一朝一夕可以達成的，甚至可能孩子永遠無法符合你的要求，但還是要**時時鼓勵，永遠不放棄，並且隨時發現孩子的優點**。哪天你在公園裡看夠了一群小鬼頭的喧鬧後，也許才會恍然大悟：最高品質才能靜悄悄！

大家只愛我就好

「小寶，不要這樣。」……「小寶，不可以。」……「小寶，唉……你今天是怎麼了？一直弄妞妞。」挺著大肚子的媽有點不耐煩了，「叮咚！」電鈴聲適時響起，「妞妞，是媽媽回來了……噯，不好意思，妞妞沒有太吵吧？」「妞妞乖得很，反倒是我們小寶，一直弄妞妞，還搶她的玩具，虧他還當主人，而且還是哥哥呢，真丟臉。」「大概不習慣人家玩他的玩具吧，他一向都一個人慣了嘛！」「你們妞妞還只是偶爾來玩玩，馬上可就會有個小的每天都在他旁邊呢，到時不知會怎樣？」媽媽有點擔心地摸著肚子。「不會啦，自己的弟弟妹妹一定會愛護的，對不對，寶寶？」妞妞的媽媽趕緊安慰著，「不過啊，可能你們要先給寶寶做些心理建設，否則將來萬一他吃醋，又要安撫大的，又要照顧小的，可就難辦了。」「有啊，我跟他爸爸想得到的都說都做了，但是誰曉得到時候會怎樣……說來也好笑，以前我們都是一堆兄弟姊妹的，好像也不太會去什麼吃醋嫉妒的，現在生得少，反而擔心得多……對了，妳什麼時候也再生一個啊？妞妞當姊姊一定很棒的。」「謝了謝了，我沒像妳那麼好命不用上班，專心照顧一個就夠了，也省得擔心兩個處不處得

來……嗳，時間也不早了，妞妞，我們該走了，下次來應該就會看到小寶寶了。小寶要當大哥哥了耶，高不高興？」

「高興。」小寶興高采烈的樣子讓媽媽不由得也開心起來，「是吧，不必杞人憂天了，一切應該會沒事的。」

聽到友人新添了寶寶，除了例行的「男的女的？」「好不好帶？」「累不累？」之外，最常被問到的問題是什麼？「大的會不會吃醋？」家中又要多一個小人時，由於有了帶老大的經驗，爸爸媽媽們通常比較篤定，不會焦慮怎麼應付一個奶娃娃。反倒是較會擔心如何照顧兩個孩子——包括如何分配時間精力，還有兩個孩子間相處可能發生的問題，這之中最先要面對的便是老大會不會吃醋嫉妒。運氣好的相安無事，甚至兄友弟恭，手足情深，但萬一碰上大醋桶，則手心手背都是肉，如何平安度日，可是嚴格考驗父母親大人的智慧！

嫉妒其實就像喜歡討厭一樣，只是一種情緒的表達，但時常因著它而導致對嫉妒對象的傷害，連帶的人們便容易追溯源頭，認為嫉妒的情緒是不對的。但是回想起來，自己從來沒有對任何人有過那麼一丁點的嫉妒嗎？——也許嫉妒他長得比我帥、嫉妒她功課比我好；還有他，明明沒什麼本事，還不就靠著嘴巴甜？……總之，人比人氣死人。而曾經嫉妒過誰呢？那可多了，兄弟姊妹是當然，同學朋友是應該，認識的能嫉妒，不認識的也一樣——為什麼那個人運氣就那麼好，會中了一百萬？而最早開

討厭，討厭，媽媽都一直對那個妞妞好，拿東西給她吃，還拿我的玩具給她玩——那是我的耶，所以我要把它拿回來，媽媽叫我要借她，為什麼？我不想，那是我的啊！媽媽說我是主人，我是大哥哥，要大方，什麼是大方？為什麼當哥哥就要大方？還有好多阿姨叔叔每次看到我就要說：「媽媽要生小寶寶了，以後你要愛護他，要讓他喔！」為什麼我要讓小寶寶呢？——「因為你是哥哥啊，你比較大，比較乖，比較懂事嘛！」那我不要當哥哥，我要當小寶寶，我不要長大。可是媽媽說，這樣我就會有弟弟妹妹跟我玩，就不會無聊了，嗯，好像也對。就像有小朋友來的時候很好玩，可是每次我們吵架了，爸爸媽媽罵我就不好玩，所以我要小心，不要被爸爸媽媽看見。還有每次有別的小朋友來的時候，媽媽都會一直對他好，對我不好，那以後小寶寶會一直在我們家，媽媽就會對他好……討厭討厭，為什麼要有小寶寶嘛，我要爸爸媽媽只愛我就好！

始嫉妒的對象，十之八九都是最親、也是常在身邊的家人。其中由於手足間身分地位年齡相近，因此是嫉妒的最佳候選人。那麼是不是年齡差多一點便不會嫉妒？那可不是，我自己與下面的妹妹差了七歲，夠多了吧？小時候還是時常希望爸媽把妹妹賣掉。那一定是大的才會嫉妒小的囉？——看看我自己的一對寶貝兒女，也是差了六歲半，可是鬼靈精情緒多的妹妹嫉妒哥哥的多，而且自小就表露無遺。才兩歲不到，如果親熱地摟摟哥哥，

她一定會過來咿咿喔喔地把妳的手扳開。還不只嫉妒自家的，媽媽如果在外面抱抱別人的小寶寶，她更是涕淚縱橫地好像受了多大的委屈。反倒是神經比電線桿還粗的兒子固然認為妹妹再怎樣也比不上有弟弟來得好，但要問到會不會覺得媽媽比較疼妹妹？──「她還小嘛，比較要人家照顧。」隨著妹妹長大，他逐漸會開始覺得爸爸比較疼妹妹，怎麼辦呢？──「媽媽對我比較好，哎，反正人家都說爸爸疼女兒，媽媽疼兒子嘛！」頗能自我調適的。而小女兒則還是時常想說服我：「只養一個小孩就好了嘛！」──養誰？當然是養她囉！

嫉妒之心人皆有之，但嫉妒心起之後你會有何反應？──急起直追，讓自己跟他一樣好；算了，一陣子就忘了；還是讓嫉妒心持續發酵，不能讓他比我好，所以極盡破壞傷害？在討論與嫉妒有關的議題上，嫉妒本身從來不是問題，問題在於嫉妒引發的後續動作，因此與其追究為什麼會嫉妒，不如就接受它是正常的情緒，要處理的重點是在如何面對及抒發，而不是消極地遏止或壓抑。對於孩子也是一樣，兩、三歲的孩子正是自我中心旺盛的時期，本來就不容易接受他人，更何況一個要來與他分享一切的第三者？同時由於此時期大多數孩子的語彙還不足以充分表達內心的感受，因此很難跳脫出嫉妒的牛角尖，更需要父母用心關照。其實孩子比我們單純許多，因此不要以君子之心度「小人」之腹，認為孩子的嫉妒是壞心眼。但是即便如此，孩子會嫉妒總是事實，固然不是出自邪惡的動機，無意間還是會造成傷害，而且如果嫉妒的對象是毫無反抗能力的小寶寶呢？要如何引導他們走出這個死胡同呢？

先進行心理建設是絕大部分父母會做的，講述相關內容的書便是一個好方法，像是《忙碌的寶寶》就很適合要添第二個寶寶的爸媽，可以跟即將成為哥哥姊姊的小朋友一起看。當初我家的哥哥就在書局看了好多次，最後把它買回家，還買了續集：《忙碌寶寶回家了》。當然了，除了書，卡通啦電影啦都有異曲同工之效。而許多媽媽會拉著寶寶的小手放在肚子上，讓他感受一下小 baby 的手舞足蹈，或是帶著他準備新生兒的用品，增進他們彼此間的熟悉度與親密感。當年我懷老二時，哥哥已經上大班了，由於爸爸經常在大陸，因此常是子代父職的兒子陪我去產檢，羊膜穿刺的結果是妹妹也是他先知道，母子倆還共謀讓爸爸猜了半天。因此，妹妹可說是毫無被嫉妒的風險，只有嫉妒哥哥的優勢。不過，就算在產前毫無嫉妒的徵兆，可不代表永保平安。根據統計，新弟妹對哥哥姊姊的情緒干擾有將近四成是在小寶寶出生前就很明顯，而有四分之一則是在出生後才顯現。因此心理建設只是預防，當目標終於出現，也許才會讓有些哥哥姊姊興起嫉妒之心。這時可能需要加上實務的引導，才能削減他們的嫉妒之火。

讓孩子能夠親近並且照顧小寶寶，一方面可以幫助他接受對方，也可以增加他成為哥哥姊姊的成就感。但是能幫忙的程度要視雙方的年齡而定。碰上年紀差得多的，大的能幫的忙就不少。但如果小哥哥小姊姊自己也都還在咬奶嘴，通常愈幫愈忙是可以預見的。但也不要因此澆熄他們滿腔的熱忱，揮手叫他們走開，絕對不可以碰弟弟妹妹。其實還是有讓他們發揮的餘地，只要是沒有安全性顧慮的工作，像是拿件衣服啦，遞個尿布啦，都是皆

大歡喜的幫忙方式。當然囉，如果爸媽能**適時加一句讚美與感謝**，那就更幸福美滿了。

但是有時碰上哥哥姊姊是茅坑裡的石頭，硬是要幫忙做他能力所不能及的，或是具有危險性的事，像是要幫忙倒熱水泡牛奶等，這時在制止之餘，記得省下後面的責備，但是不要忘了**說明制止的原因**。因此簡潔告訴他：「這樣很危險，你燙到會受傷，謝謝你的幫忙。」或是當他力有未逮地想去把小寶寶抱起來時，「你的力氣還不太夠，小寶寶如果摔下來會受傷喔！」會比「你抱不動的啦，寶寶摔下來怎麼辦？」的說法好得多。之後如果爸爸媽媽能體貼地教他坐在椅子上或床上，然後把小寶寶放在他身上讓他摟一摟，並且告訴他下次記得請大人幫忙他才安全，就不只不會抹煞了他想親近小寶寶的愛心，同時也保障了他們的安全。否則在受到責備之餘，這次雖然沒有抱成，難保下次他不會試著偷偷去抱，產生的後果更是不堪設想。此外，對於危險的事雖然制止他操作，但是讓孩子在旁觀看，並且適時提醒他應該注意的地方，將更能有效提升他當哥哥姊姊的能力喔！

有時不盡然有危險，但是可想而知會愈幫愈忙，像泡牛奶，知道會燙到的不會搶著要裝熱水，但是倒奶粉可是十個八個興致盎然，而兩、三歲的孩子經常撒得滿桌滿地是必然，怎麼辦呢？我家是乾脆用超廣口的胖胖奶瓶，大人小孩都方便。或是在裝奶粉前，在奶瓶下面墊一張乾淨的紙，就算撒出來也很容易清理。可是碰上小的已經餓得哇哇大哭了，哪還有閒工夫等大的在那慢吞吞地倒奶粉？這時告訴他：「寶寶餓了，媽媽趕快泡，下次再請你幫忙喔，謝謝你。」而且至少讓他倒一匙過個癮吧！因此**保**

持彈性、稍作變通、增加他們的參與感，就可以滿足小哥哥小姊姊的好意，也讓他們能有發揮的餘地。

此外，**讚美鼓勵**當然是爸爸媽媽也該常運用的，適時的擁抱還有偶爾的小禮物，會有意想不到的效果。同時常舉他小時候的例子，讓他**同理小寶寶的成長過程及父母必須付出的照顧及辛勞**，並稱許他因長大而具有的懂事與能力。但是記住強調小寶寶目前「無能」是由於不能也，非不為也，連帶引申出的重點，是將來哥哥姊姊要當榜樣，帶領弟弟妹妹同樣變成這麼棒。而不是一味地貶低弟弟妹妹，或是不斷抱怨小寶寶所帶來的負擔與煩累，小心矯枉過正，讓哥哥姊姊誤以為小寶寶簡直一無是處，於是想把他賣掉或是沒人要買時：「那就送給你吧！」是常有的慷慨，甚至天真地以為除去小寶寶便能減輕父母的負擔，而造成不可收拾的後果。

儘量做到不偏心固然是父母的希望，可是往往事與願違，尤其小寶寶難免總是必須多費點心力和時間。但孩子是敏感的，當他發現有了小寶寶以後，媽媽就沒時間講睡前故事，爸爸也很少陪他玩玩具了，要他寬宏大量地絲毫不以為意就太不人性了。因此，就像我們一直提醒爸爸媽媽，在照顧孩子之餘，不要忘了配偶，更要請爸爸媽媽留一段單獨與哥哥姊姊相處的時間——無論是爸媽一起或是其中一方，無論是半小時或是十分鐘，讓他跟你撒撒嬌，甚至抱怨抱怨，抒發各種酸甜苦辣，也就能順便把心底的嫉妒倒光。讓他覺得還是充分擁有父母的愛，強調有了弟妹後，他沒有失去，只有得到便多。最後別忘了親親他，抱抱他，告訴他你愛他，「也愛小寶寶，更希望你們相親相愛。」——魔咒

魔咒，每天說一次就會形成強大的魔力，把你們一家緊緊地圈在一起。從此，國王、王后、王子與公主，就永遠幸福快樂地住在一起，再也沒有嫉妒的巫婆來搗亂囉！

「好了好了，Tina 快回來了。」媽媽一邊搖著嚎哭不已的小寶，一邊說著，不知道是在安慰小寶，還是在安慰自己。好不容易聽到鑰匙轉動的聲音，開門的果然是菲傭 Tina。「Nana，Nana……」小寶口中一邊含混叫著，一邊從媽媽身上掙脫下來，急著投入菲傭的懷抱。累了一天的媽媽雖然看著心裡有些不是滋味，但是一身的疲累總算可以解脫。Tina 一邊拎著東西，一邊抱著像無尾熊般掛在身上的小寶進房去，只見她進進出出的，小寶一聲也沒再哭。不一會兒，看到 Tina 拎著衣服出來準備洗澡，可見小寶已經睡著了。

「我這個正牌的媽怎麼哄孩子都不睡，倒是 Tina 三兩下就擺平了。唉，真是連菲傭都不如。」坐在沙發上休息的媽媽向正在看報紙的爸爸說。「嗳，平常白天都是 Tina 跟他在家，這是很自然的，妳就別想太多了。」「可是你看兒子只找菲傭，不找我這個媽，叫我心裡怎麼會不難過！」媽媽仍然很不是滋味。「以前孩子在南部給爸媽帶，妳嫌遠看不到，現在請了菲傭，又嫌孩子都找她。反正菲傭只是請一時，又不是請永久。孩子現實得很，『人在人情在』，

到時候還是我們的孩子，妳就別擔心了。」爸爸倒是老神在在，繼續看他的報紙，媽媽卻沒那麼樂觀：「只怕到時候孩子不認媽媽，要跟菲傭走了。」「那能怎麼辦呢？妳白天要上班，叫妳辭，妳又捨不得。」「現在景氣不好，辭了以後可沒得找。」「那就是囉！再說 Tina 把家裡照顧得好好的，小寶也喜歡找她，比起那些碰上壞菲傭的，我們已經夠幸運了……。好了，歡樂週末結束了，早點睡吧，明天還得上班呢！」

隨著工商業時代的來臨，現在的家庭型態與農業社會已大不相同。以往大家庭中三代同堂、子孫滿堂的景象已不復見，常見的小家庭有時還得在假日才能團圓，因為小孩放在外公外婆家，或是「內在美」——內人帶著孩子住在美國，還有「台獨」——老公派駐在大陸，老婆獨自留在台灣的。經濟型態的改變，使得傳統互通有無的大家庭逐漸式微，現在多是小夫妻自己打拼，因此以往在家專心照顧家務的主婦，也多半投入就業的行列。那孩子誰帶呢？幸運的有親朋好友可以託付，沒有門路的只好尋求外援。因此，褓姆成為新興的高檔行業，好的褓姆還得排隊等呢！菲傭更成為「俗又大碗」的新選擇，因為菲傭不只帶小孩，還可以差遣做家事，費用便宜，又可以趁機學英文……，有的父母則是讓含著奶嘴、口齒不清的奶娃兒提前到托兒所、幼稚園報到。但是這些替代方案都各有優缺點，運氣不好

的可能碰上褓姆或菲傭虐待孩子，在幼稚園、托兒所的又成天生病感冒……。那麼託給自己的親人、碰上好褓姆或選個好傭人，就天下太平了嗎？那可不一定！當親生父母出現時，孩子反而哭著回頭找爺爺奶奶或褓姆、菲傭，這樣的新時代親子難題，該怎麼解決呢？

看到孩子緊黏著爺爺奶奶或是褓姆、菲傭時，雖然欣慰他們被照顧得很好，但爸媽心裡相對地也會有些失落——自己的孩子不找我，可真難過！當然眼尖的褓姆會推孩子去找爸媽，可是孩子不懂得虛偽，往往還是賴回別人身上。硬把孩子拉到父母身邊嗎？當然不是辦法，感情是需要時間培養的，這其中也反映出父母投注在孩子身上的時間與心力。

從我懷孕時便常在大陸的老公，在女兒一、兩歲時充分體會到親子如陌路的窘況，每次他回家，至少必須過兩、三天，女兒才肯讓他抱，而往往玩得熱絡時，爸爸又差不多要遠行了。類似的例子在周遭也時有所聞：去褓姆家帶孩子，孩子寧願待在褓姆家，甚至要跟別人的父母回家；教導孩子時，稍一大聲孩子就找爺爺奶奶當擋箭牌；回到家要跟孩子玩，孩子還是躲到菲傭背後……。當然有的爸媽會無奈地嘆口氣：「不是我不想跟孩子多親近，而是……」，那麼孩子也可以用同樣句型代換：「不是我不想跟爸媽多親近，而是……」，這樁親子懸案從此無解。也有人認為父子是天生血緣，長大了就會好，實際上，雖然孩子長大了會由常理上認知自己的父母，可是親不親近就不一定了。孩子有心事就向外尋求解脫，彼此的互動只是早晚的問候，比同學、同事還不如，這樣貌合神離住在一起的一家人，你是否覺得熟悉？

所以，固然孩子託付第三者是不得已，也只是暫時，卻還是需要你及時進行親子交流，讓彼此的感情能細水長流。

感情需要時間培養，所以進行親子交流最大的前提就是**多陪陪孩子**。來不及跟他一起吃飯，那就幫他洗個澡。連洗澡都沒辦法？那至少趕晚場，在孩子睡覺前講個故事給他聽。統統做不到？那你就只能供家人「瞻仰」──就是讓孩子每天看著你的相片，因為你與孩子們總是像月亮太陽般的，彼此打不上照面。如果你屬於這類的父母，也許可以期待大一點的孩子體諒你，但對不解世事的兩、三歲孩子來說，誰最常跟我玩，我就跟他好，隱形父母想奢望他們在你出現時朝你飛奔而來，還是去看連續劇

Tina怎麼不見了？嗚嗚……媽媽說她快回來了，怎麼還不回來？今天我起床Tina就不見了，媽媽說她放假出去玩，為什麼？她是不是不要我了？媽媽說Tina只是傭人，媽媽才是媽媽。什麼是傭人？媽媽是媽媽啊，可是媽媽都不在家，每天醒來都是Tina在我身邊；爸爸媽媽出去了，都是Tina在陪我、餵我吃飯、幫我洗澡、陪我玩玩具，還哄我睡覺……，爸爸媽媽說要帶我出去玩，可是他們都好多天才跟我玩一下，不像Tina每天都會跟我玩。而且Tina都不會罵我，不像爸爸，時常叫我不能這樣、不能那樣，有時候他還會罵Tina，最討厭了。媽媽說等我長大，Tina就要走了，為什麼？我不要Tina走掉，我不要長大，我要Tina，我不要爸爸媽媽……

吧！現實生活裡比較有可能發生的是，即使你站在孩子面前，他還是不認得你，尤其是「週末父母」，孩子只有在週末假日才接回來的家庭，更常發生這種情形。因此如果可能，即使襁褓期託人帶全天，最好在六、七個月，寶寶開始認人的時候，就能每天帶回來。而托兒的地方最好也能在住家附近，以便隨時就近探望。

如果在相處的時間「量」上真的無法應付，至少應**掌握相處時的「質」**，其中的要訣就是**製造互動**。天氣好的時候，帶著球、飛盤等道具，帶寶寶去公園玩，在遊戲中孩子自然會對你熟悉。當然球可以讓孩子自己玩，飛盤也可以叫他自己扔，當孩子在溜滑梯、盪鞦韆時，你仍可悠閒地在一旁看報紙……如果你要這樣跟孩子相處，我也只能說：敗給你了！

在家時，可找些能跟孩子一起做的事，例如：午餐不必上館子，煮個飯，簡單切些小黃瓜，煎個蛋，撒些肉鬆，開個鮪魚罐頭，兩、三歲的孩子做飯糰，雖然不一定好看，孩子仍會吃得津津有味，而全家動手一起做，更是好吃又好玩。如果你跟孩子在一起的時間少，相處時也只是放任他自己玩，當這種名義上的父母，難怪孩子寧願跟著別人了。但相對的，不要因為相處的時間少，就極盡巴結籠絡之能事，對孩子百依百順，任他予取予求。雖然**投其所好**是贏得好感的方法之一，仍**應有原則**，適可而止。有時在玩具大賣場中看到推了一車玩具的爸媽，只要孩子小手指到的東西，一概照單全收，十之八九就是這種彌補型的父母。這樣的彌補有效嗎？仔細想想：寶寶親近褓姆或菲傭，是因為他們常買東西給孩子嗎？還是因為他們常陪在孩子身邊？所以不必

擔心孩子計較你在物質上的付出，他們更在乎的是你精神上的關注。

與照顧者充分溝通，也有助於傳遞親子的感情。請褓姆或菲傭在與寶寶相處時適時提到父母：「媽媽幫小寶買的衣服穿起來好舒服喔！」「爸爸昨天帶小寶去哪裡玩啊？」有時候也可以在爸媽中午休息時，打個電話讓孩子與爸媽講講話，雖然他可能只是拿著話筒咿咿啊啊的，但他會知道自己是在跟爸媽講話喔！尤其現在行動電話如此方便，親子交流更能夠千里一線牽。以前我家的菲傭只要我回到家，除非我叫她，否則她都很識趣地去做家事，不會干擾我跟孩子的互動。雖然白天我多半不在，但請了兩年的菲傭，孩子們都習慣我在家時找我，我不在時才找菲傭，一點也沒有影響我們之間的感情。因此，菲傭能代勞的是勞力的部分，而親情是不能取代的。

最後，「**變心**」及「**用心**」是爸媽要先自我建設的。「變心」是要先改變自己的心境，有了孩子可能很煩、很累，但也可以很有趣、很快樂。孩子不會一輩子要你陪，甚至孩子上了小學後，就有媽媽覺得孩子開始長大，不再黏在身邊了。從兩、三歲到上小學，能陪孩子的時間其實沒幾年，以後有的是時間任你樂逍遙。「用心」則是時時可用心，處處見真心。只要盡了心，雖然是兩、三歲的孩子，一定也能感受到。我的女兒從七個月到兩歲半都由菲傭帶，但是她的小床一直放在我床邊，一早醒來的第一瓶牛奶一定是媽媽泡的。只要媽媽在家，就親自幫她換尿布，也親自抱她看醫生或打預防針。當然教她數數、認顏色形狀，抱她隨著音樂跳舞的也都是媽媽。爸爸雖然不常在家，但在家時一

定幫女兒洗澡，幫兒子檢查功課，因此跟孩子還是很親。相較之下，將一切丟給菲傭處理，甚至孩子也跟菲傭睡的爸媽，要孩子不找菲傭也難。問我累嗎？當然！但是我盡的心，兒女也以真心回報。所以與孩子相處固然質量能俱佳最好，否則也要重質不重量，只要有心，相處的每一刻都能成為美好時光，這樣無論孩子白天由誰照顧，爸媽永遠是他的最愛，到時你可能會說：孩子太黏我了怎麼辦？

國家圖書館出版品預行編目資料

解讀「小人」：0-3 歲嬰幼兒的心理與教養／洪敏琬著．
-- 初版．-- 臺北市：心理，2009.05
面；公分．--（親師關懷；34）

ISBN 978-986-191-269-1（平裝）

1. 育兒　2. 嬰兒心理學

428　　98007140

親師關懷 34　**解讀「小人」：0-3歲嬰幼兒的心理與教養**

作　　者：洪敏琬
執行編輯：陳文玲
總 編 輯：林敬堯
發 行 人：洪有義
出 版 者：心理出版社股份有限公司
社　　址：台北市和平東路一段 180 號 7 樓
總　　機：(02) 23671490　傳　真：(02) 23671457
郵　　撥：19293172　心理出版社股份有限公司
電子信箱：psychoco@ms15.hinet.net
網　　址：www.psy.com.tw
駐美代表：Lisa Wu　tel: 973 546-5845　fax: 973 546-7651
登 記 證：局版北市業字第 1372 號
電腦排版：葳豐企業有限公司
印 刷 者：正恒實業有限公司
初版一刷：2009 年 5 月

定價：新台幣 200 元　
ISBN 978-986-191-269-1